U0793809

职业教育课程改革创新示范教材

模具零件特种加工

主　编　闫志彩　徐积林
副主编　赵　燕　车守贤　于万成
参　编　李　昊　周龙飞　王　玲

机械工业出版社

本书共包含十个项目，这些项目涵盖了模具特种加工的理论与相应的技能训练。通过本书的学习，学生可以掌握在模具加工过程中常见的电火花线切割加工、电火花成形加工知识，还可以了解超声加工、电化学加工、电解磨削加工以及快速成型技术等相关知识，能够熟练地掌握模具特种加工的典型技能，具备该工种中级职业技能水平，满足企业的用人需求。

本书还嵌入了二维码，用手机扫一扫便可观看所链接的内容。选用本书作为授课教材的教师，均可登录 www.cmpedu.com，以教师身份注册下载本书配套资源。

本书可作为中等职业学校模具制造技术、数控技术应用专业教学用书，也可作为高等职业院校学生用书以及机械类技术人员岗位培训教材。

图书在版编目（CIP）数据

模具零件特种加工/闫志彩，徐积林主编. —北京：机械工业出版社，2024.3

职业教育课程改革创新示范教材

ISBN 978-7-111-75198-4

Ⅰ.①模… Ⅱ.①闫… ②徐… Ⅲ.①模具-零部件-加工-职业教育-教材 Ⅳ.①TG760.6

中国国家版本馆 CIP 数据核字（2024）第 043515 号

机械工业出版社（北京市百万庄大街 22 号 邮政编码 100037）
策划编辑：汪光灿　　责任编辑：汪光灿　章承林
责任校对：高凯月　薄萌钰　韩雪清　　封面设计：张　静
责任印制：刘　媛
涿州市般润文化传播有限公司印刷
2024 年 5 月第 1 版第 1 次印刷
184mm×260mm · 9.75 印张 · 164 千字
标准书号：ISBN 978-7-111-75198-4
定价：35.00 元

电话服务　　网络服务
客服电话：010-88361066　　机 工 官 网：www.cmpbook.com
010-88379833　　机 工 官 博：weibo.com/cmp1952
010-68326294　　金 书 网：www.golden-book.com
封底无防伪标均为盗版　　机工教育服务网：www.cmpedu.com

前言

党的二十大报告中指出“实施科教兴国战略，强化现代化建设人才支撑”，将大国工匠和高技能人才纳入国家战略人才行列，为职业教育的进一步发展指明了方向。为深入贯彻党的二十大精神，推动育人方式、办学模式、管理体制的改革，编者根据教学改革要求和教育部颁发的《模具技术应用专业教学指导方案》，在总结近年来国内中职教学过程中的教学经验基础上编写而成。

本书在内容选择上，为适应中职学生的认知特点，在编写过程中采用项目式编写模式，突出体现对学生关键职业技能的培养，强调面向工作过程的技能训练，旨在提高学生的专业技能，为学生将来从事模具加工工作打下坚实的基础。本书共包含十个项目：项目一简述模具特种加工，认识什么是特种加工；项目二~四讲述电火花线切割加工模具加工案例；项目五、项目六讲述电火花成形加工模具加工案例，项目七~十简述模具加工中的其他加工方式。每个项目既包含模具特种加工的理论，又有相应的技能训练以及企业的典型案例。通过学习，学生可以掌握在模具加工过程中常见的电火花线切割加工、电火花成形加工知识，还可以了解超声加工、电化学加工、电解磨削加工以及快速成型技术等相关知识，能够熟练地掌握模具特种加工的技能，具备该工种中级职业技能水平，满足企业用人需求。

本书由青岛工贸职业学校闫志彩（编写项目一~四）与徐积林（编写项目十）担任主编，山东省轻工工程学校赵燕（编写项目五、项目六）与青岛工贸职业学校车守贤、于万成担任副主编（共同编写项目七），参加编写的还有山东省工程职业学院李昊（编写项目八），莱西机械工程学校周龙飞（编写项目九），青岛工贸职业学校王玲负责视频资源的制作。

本书在编写格式、内容选择、教学资源配备上都是根据中职教育特点以及要求进行的，期待能得到专家和广大师生的指教。

编　者

二维码索引

目　录

项目一　认识特种加工

知识目标	1. 认识特种加工在制造业中的发展、特点及种类。 2. 理解特种加工的原理、特点及应用。 3. 了解特种加工发展的新工艺、新方法及应用领域。
技能目标	1. 能够判断产品的特种加工方式。 2. 能正确分析电火花成形机床和电火花线切割机床加工产品的区别。 3. 能说出特种加工的种类、特点及应用领域。
素养目标	1. 热爱专业，具有工匠精神。 2. 具有人际交往和团队协作能力。

20世纪50年代以来，随着生产发展的需要，工业产品向高精度、高速度、耐高温、耐高压等方向发展，所用材料越来越难加工，零件形状越来越复杂，精度和某些特殊要求也越来越高，传统的切削加工很难满足要求。于是人们开始探索采用电能、电化学能、声能或光能等其他方法对材料进行加工，这类新加工方法统称为特种加工。

任务一　特种加工的特点及种类

【任务引入】

分析图1-1所示零件的形状特点，为每个零件选择特种加工方法。图1-1a、b所示零件的坯料为硬度55~58HRC的Cr12MoV，图1-1c所示零件的材料为玻璃。

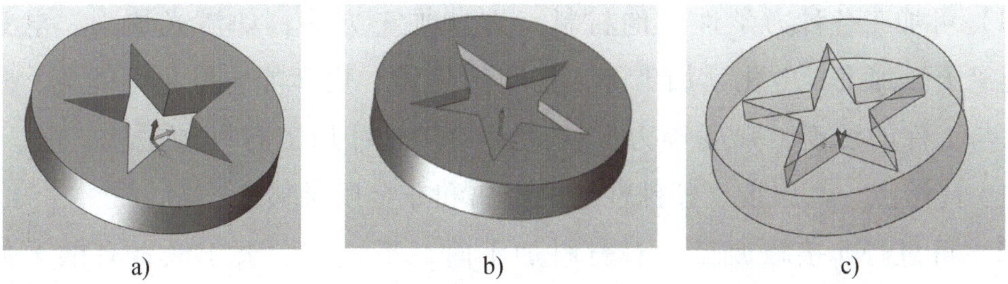

a)　　b)　　c)

图1-1　特种加工的零件

【任务内容】

一、特种加工的发展背景

20世纪40年代，随着材料科学、高新技术的发展，激烈的市场竞争、尖端国防及科学研究的急需，新产品更新换代日益加快，产品不仅要求具有很高的强度质量比和性能价格比，还需要向着高速度、高精度、高可靠性、耐腐蚀、耐高温、耐高压、大功率、尺寸大小两极分化的方向发展。各种新材料、新结构、形状复杂的精密机械零件大量涌现，对机械制造业提出了一系列迫切需要解决的新问题。例如，各种难切削材料的加工，结构形状复杂、尺寸微小或特大、精密零件的加工，薄壁、弹性元件、特殊零件的加工等。对此，采用传统加工方法十分困难，甚至无法加工。于是，人们一方面通过研究高效加工的刀具和刀具材料、自动优化切削参数、提高刀具可靠性和在线刀具监控系统、开发新型切削液、研制新型自动机床等途径，进一步改善切削状态，提高切削加工水平，并解决了一些问题；另一方面，则冲破传统加工方法的束缚，不断地探索、寻求新的加工方法，于是一种本质上区别于传统加工的特种加工便应运而生，并不断获得发展。

由于新型制造技术的进一步发展，人们就从广义上来定义特种加工，即将电、磁、声、光、化学等能量或其组合施加在工件的被加工部位上，从而实现材料被去除、变形、改变性能或被镀覆等的非传统加工方法统称为特种加工。

二、特种加工的特点和应用领域

特种加工已成为先进制造技术的重要组成部分，成为衡量一个国家先进制造技术水平和能力的重要标志。由于其独特的加工特点，在制造业中发挥着越来越特殊重要的作用。

1. 特种加工的特点

（1）可加工各种力学性能的材料　有些加工方法，如激光加工、电火花加工、等离子弧加工、电化学加工等，是利用热能、化学能、电化学能等，这些加工方法与工件的硬度、强度等力学性能无关，故可加工各种硬、软、脆、热敏、耐腐蚀、高熔点、高强度、特殊性能的金属和非金属材料。

（2）可进行非接触加工　对材料加工时，不一定需要工具，有的虽使用工具，但与工件不接触，因此，工件不承受大的作用力，工具硬度可低于工件硬度，故使刚性极低元件及弹性元件得以加工。

（3）可进行微细加工　有些特种加工，如超声、电化学、水喷射、磨料流等，加工余量都非常微小，故不仅可加工尺寸微小的孔或狭缝，还能获得高精度、极小表面粗糙度值的加工表面。

（4）可获得高的工件表面质量　特种加工中不存在机械应变或大面积的热应变，可获得表面质量很高的工件，其热应力、残余应力、冷作硬化等均比较小，尺寸稳定性好。

（5）可进行复合加工　特种加工可以进行两种或两种以上能量的复合加工。一般来说，“组合加工”是指在一台机床上两种不同加工形式（能量）在加工过程中交替使用的加工方式；“复合加工”是指在一台机床上实现两种或两种以上能量（形式）在加工过程中同时作用的加工方式，例如，电能和声能、化学能和电能、光能和化学能、化学能和电能及机械能等复合，以获得高效或精密加工的效果。

（6）加工工艺简单　特种加工对简化加工工艺、变革新产品的设计及零件结构工艺性等可产生积极的影响。

（7）是先进制造技术的重要组成部分　随着特种加工技术的发展，一方面，计算机技术、信息技术、自动化技术等在特种加工中已获得广泛应用，逐步实现了加工工艺及加工过程的系统化集成；另一方面，特种加工能充分体现学科的综合性，学科（声、光、电、热、化学等）和专业之间不断渗透、交叉、融合，因此，特种加工技术本身同样趋于系统化集成的发展方向。

（8）加工机理独特　特种加工不依靠刀具、磨具等进行加工，而主要依靠电能、热能、光能、声能、磁能、化学能及液动力能等进行加工，其加工机理与金属切削机床加工完全不同。能量的发生与转换、过程的控制是特种加工高新技术的重要部分。

（9）可进行增材加工　增材加工是特种加工的重要发展方向，金属切削机床、特种加工机床加工一大部分是减材加工。我国从 20 世纪 80 年代末发展起来的快速成型（RP）加工技术是属于特种加工技术的一种增材加工的新领域。它利用分层制造原理（离散堆积）及分层处理软件，理论上可以制造任意复杂形状的零部件，能适应高科技、个性化、小批量生产的需要。

2. 特种加工的应用领域

特种加工适用于各种高硬度、高强度、高韧性、高脆性、微细等金属和非金属材料的加工，以及各种新型、特殊材料的加工，在航空航天、军工、汽车、模具、冶金、机械、电子、轻纺、交通等工业中解决了大量传统机械加工难于解决的关键、特殊的加工难题，所以在国民经济的众多关键制造工业中发挥着极其重要的和不可替代的作用。例如，在航空航天工业中各类复杂深小孔加工，发动机蜂窝环、叶片、整体叶轮加工，特殊材料的切割加工，钛合金加工等。在军事工业中，例如核武器及高新技术武器使用的几乎全是特殊材料和高新技术材料，各种零件的成形加工、各种孔加工、精密薄材加工等，特种加工都发挥着特殊重要的作用。

由于特种加工机床应用领域的广泛性和重要性，在我国已形成由生产企业、大专院校、研究院所 200 多个单位组成的特种加工机床行业，其中，电火花加工机床的年产量就达 30000 台之多，其产量为世界第一，是名副其实的生产大国。

三、特种加工的范围

特种加工范围较广，其中常用的主要有电火花加工（EDM）、电化学加工（ECM）、电解磨削加工（ECG）、化学加工（CHM）、电弧加工（EAM）、激光加工（LBM）、超声加工（USM）、离子束加工（IBM）、电子束加工（EBM）、等离子弧加工（PAM）、快速成型加工（RPM）、磨料射流加工（AJM）等。

特种加工机床原属金属切削加工机床范畴，但由于其与金属切削加工机床原理、功能部件的性能都不同，2003 年国家标准化管理委员会将其明确为与金属切削机床并行的独立的机床体系。与其他先进制造技术一样，特种加工正处在研究、开发推广和应用之中，具有很好的发展潜力和应用前景。

任务二　特种加工及基本原理

【任务引入】

认识电火花加工设备。图 1-2a、b 所示零件可用什么设备加工？

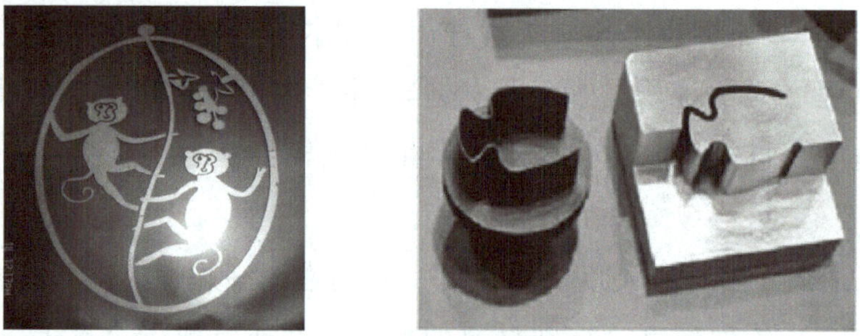

a)　　b)

图 1-2　特种加工零件

【任务内容】

一、电火花加工

电火花加工又称放电加工，也有称为电脉冲加工的，它是一种直接利用热能和电能进行加工的工艺。电火花加工与金属切削加工的原理完全不同，在加工过程中，工具和工件不接触，而是靠工具电极和工件电极之间的脉冲性火花放电，产生局部、瞬时的高温把金属材料逐步蚀除掉，以达到对工件的尺寸、形状及表面质量预定的加工要求。由于放电过程可见到火花，所以称为电火花加工。电火花加工适合于用传统机械加工方法难以加工的材料加工。

1. 电火花加工的基本原理

工件与工具电极分别连接到脉冲电源的两个不同极性的电极上。当两电极间加上脉冲电压后，若工件和电极间保持适当的间隙，就会把工件与工具电极之间的工作液介质击穿，形成放电通道。放电通道中产生瞬时高温，使工件表面材料熔化甚至汽化，同时也使工作液介质汽化，在放电间隙处迅速热膨胀并产生爆炸，工件表面一小部分材料被蚀除，形成微小的电蚀坑。脉冲放电结束后，经过一段时间间隔，使工作液恢复绝缘。脉冲电压反复作用在工件和工具电极上，上述过程不断重复进行，工件材料就逐渐被蚀除掉。伺服系统不断地调整工具电极与工件的相对位置，自动进给，保证脉冲放电正常进行。其原理和加工示意图分别如图 1-3 和图 1-4 所示。

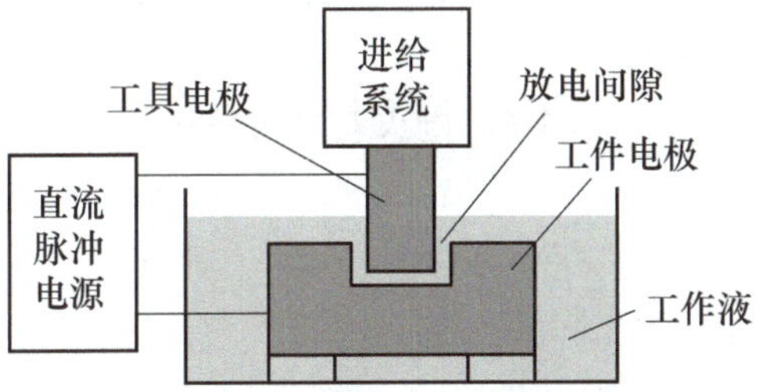

图 1-3　电火花加工原理

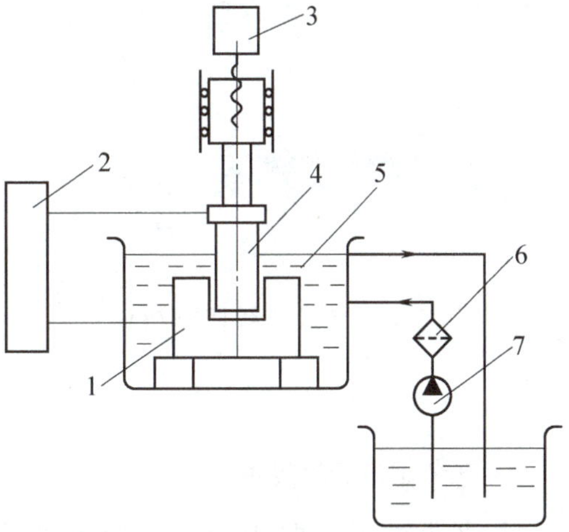

图 1-4　电火花加工示意图

1—工件　2—脉冲电源　3—自动进给调节系统
4—工具电极　5—工作液　6—过滤器　7—工作液泵

2. 电火花加工的特点

必须使接在不同极性上的工具和工件之间保持一定的距离以形成放电间隙；放电必须在具有一定绝缘性的液体介质中进行；要有足够的脉冲放电能量，以保证放电部位的金属熔化或汽化；脉冲波形基本是单向的。

工具电极常用导电性良好、熔点较高、易加工的耐电蚀材料，如铜、石墨、铜钨合金和钼等。在加工过程中，工具电极也有损耗，但小于工件金属的蚀除量，有些甚至接近于无损耗。

工作液作为放电介质，在加工过程中还起着冷却、排屑等作用。常用的工作液是黏度较低、闪点较高、性能稳定的介质，如煤油、去离子水和乳化液等。

3. 电火花加工机床的种类

目前电火花加工机床主要有电火花线切割机床和电火花成形机床，分别如图 1-5 和图 1-6 所示。

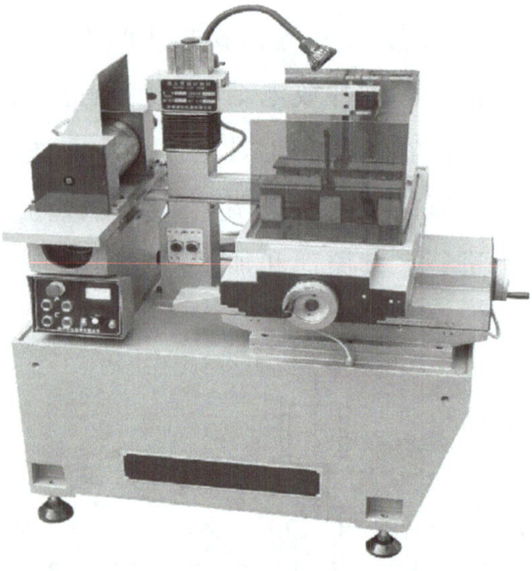

图 1-5　电火花线切割机床

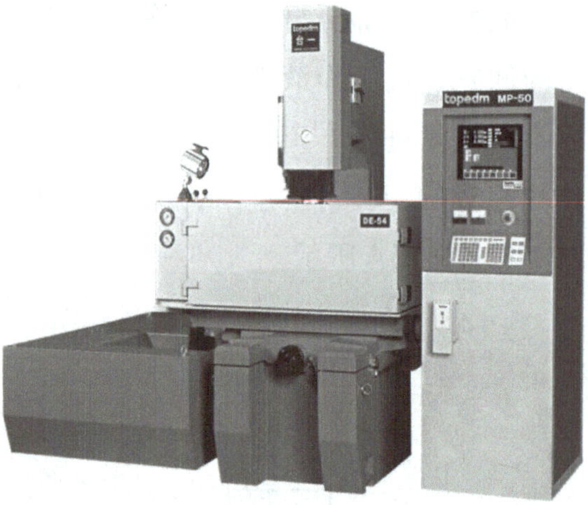

图 1-6　电火花成形机床

4. 电火花加工的应用

电火花加工主要用于加工具有复杂形状的型孔和型腔的模具零件；加工各种硬、脆材料，如硬质合金和淬火钢；加工深细孔、异形孔、深槽、窄缝和切割薄片等；加工各种成形刀具、样板和螺纹环规等工具。见表 1-1。

表 1-1　电火花加工的工艺方法及应用

类别	工艺方法	特　点	用　途	备　注
1	穿孔成形加工	工具为成形电极	型腔加工、冲模	占总数的 30%
2	电火花线切割加工	工具为线状电极	冲模、直纹面、窄缝、下料	占总数的 60%
3	内孔、外圆成形磨	相对旋转运动	精密小孔、外圆	占总数的 3%
4	同步共轭回转加工	均做旋转运动	精密螺纹、异形齿轮、回转表面	占总数的 1%
5	高速小孔加工	细管电极旋转	深小孔、喷嘴、穿丝孔	占总数的 2%
6	表面强化、刻字	工具在工件上振动，工具相对工件移动	工具刃口强化、刻字	占总数的 2%～3%

5. 电火花加工的产品及特征

电火花线切割机床和电火花成形机床本身在加工原理上是一样的，都是利用电极腐蚀工件，去除一部分金属，得到所需要的形状。但是由于两者所用电极的不同，导致它们加工的工件的形状和要求截然不同。

电火花线切割机床所用的电极是一根线状的钼丝，因此其上下必须是贯通的，所以加工的零件必须有任意形状的贯通孔。电火花线切割机床加工的产品示例如图 1-7 所示。

图 1-7　电火花线切割机床加工的产品示例

电火花成形机床的原理和电火花线切割机床差不多，但是由于其采用的电极是用数控机床或者是精雕机加工出来的成形电极，相对来讲其断面比较大，因此所需要的高频电源和电流是完全不一样的。电火花成形机床的最大电流可以达到 50A。由于电火花成形机床采用的电极不同，因此其加工的面一般都是不通孔的形状，或者加工一些精雕机加工剩余的不能加工的清角面，相对线切割加工各有利弊。人们要得到一个什么样的形状，就必须预先加工出一个完全一样的电极，又称铜公。当然电火花成形机床也可以加工通孔，但是一般不采用这种方式来加工，因为这种方式非常费事费力。电火花线切割机床加工的好处是可以切割一条窄缝将工件切割掉，去掉的部分甚至还可以重复利用，但是电火花成形机床加工的原理是直接将剩余的、不需要的金属完全用电极去除，因此它不能重复利用，且加工消耗的原料体积非常大。因此，一般电火花成形加工之前要进行粗加工。电火花成形机床加工的产品示例如图 1-8 所示。

a) 窄缝深槽加工

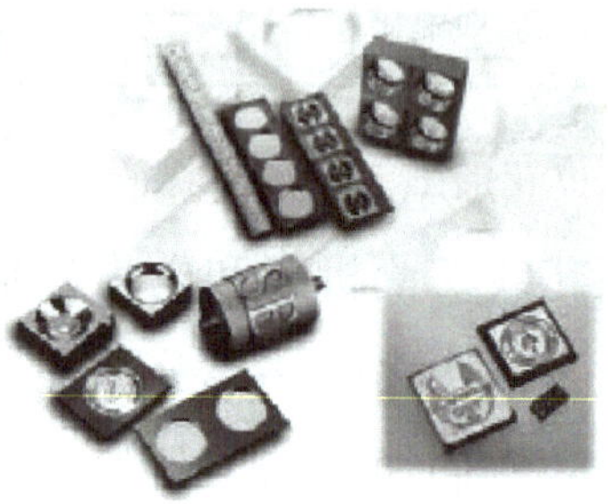

b) 花纹、文字加工

c) 型腔加工

d) 冷冲模穿孔加工

图 1-8　电火花成形机床加工的产品示例

二、超声加工

超声加工（Ultrasonic Machining，USM）是利用超声振动工具在有磨料的液体介质中或干磨料中，产生磨料的冲击、抛磨、液压冲击及由此产生的气蚀作用来去除材料，以及利用超声振动使工件相互结合的加工方法。

早期的超声加工主要依靠工具做超声频振动，使悬浮液中的磨料获得冲击能量，从而去除工件材料达到加工目的，但加工效率低，并随着加工深度的增加而显著降低。后来，随着新型加工设备及系统的发展和超声加工工艺的不断完善，人们采用从中空工具内部向外抽吸向内压入磨料悬浮液的超声加工方式，不仅大幅度地提高了生产率，而且扩大了超声加工孔的直径及孔深的范围。

1. 超声加工的原理

超声加工时，高频电源连接超声换能器，由此将电振荡转换为同一频率、垂直于工件表面的超声机械振动，其振幅仅 0.005~0.01mm，再经变幅杆放大至 0.05~0.1mm，以驱动工具端面做超声振动。此时，磨料悬浮液（磨料、水或煤油等）在超声振动和一定压力下，高速不停地冲击悬浮液中的磨粒，并作用于加工区，使该处材料变形，直至击碎成微粒和粉末。同时，由于磨料悬浮液的不断搅动，促使磨料高速抛磨工件表面，又由于超声振动产生的空化现象，在工件表面形成液体空腔，促使混合液渗入工件材料的缝隙里，而空腔的瞬时闭合产生强烈的液压冲击，强化了机械抛磨工件材料的作用，并有利于加工区磨料悬浮液的均匀搅拌和加工产物的排除。随着磨料悬浮液不断地循环，磨粒的不断更新，加工产物的不断排除，实现了超声加工的目的。总之，超声加工是磨料悬浮液中的磨粒，在超声振动下的冲击、抛磨和空化现象综合切蚀作用的结果。其中，以磨粒不断冲击为主。由此可见，脆硬的材料，受冲击作用越容易被破坏，故尤其适于超声加工。

声波是人耳能感受到的一种纵波，其频率范围为 16~16000Hz。当声波的频率低于 16Hz 时就叫作次声波，高于 16000Hz 则称为超声波。超声波具有如下特性：

1）超声波可在气体、液体和固体介质中传播。其传播速度与频率、波长、介质密度等有关，可用公式表示为

$$c=\lambda f$$

式中，c 为超声波传播速度（m/s）；λ 为波长（m）；f 为频率（Hz）。

2）超声波在各种介质中传播，其运动轨迹都按余弦函数规律变化。其位移可表示为

$$x=A\cos(\omega t+\psi)$$

式中，x 为质点运动的位移（m）；A 为振幅（m）；ω 为圆频率（rad/s）；t 为时间（s）；ψ 为振动的相位角（rad）。

3）超声波可传递很强的能量。能量强度可用垂直于波的传播方向单位面积的能量来表示，超声加工中的能量强度高达几百瓦每平方厘米，且 90%作用于工件表面。

4）超声波会产生反射、干涉和共振现象。出现波的叠加作用，使弹性杆中某处质点始终不动，而某处质点的振幅则大大增加，从而获得更大的超声

加工能量。这是因为，超声波在同一弹性杆的一端向另一端传播时，在不同介质的介面上会产生一次或多次波的反射，结果在有限长弹性杆中将存在若干个周期相同、振幅相等、传播方向相同或相反的波。于是在弹性杆传播的波，会出现波叠加，致使某处振动始终加强，或某处振动始终减弱，产生波的干涉现象。

5）超声波在液体介质中传播时，会在界面上产生强烈的冲击和空化现象，强化了加工过程的进行。因超声波通过悬浮磨粒的液体介质时，会使液体介质连续地产生压缩和稀疏区域，由于压力差而形成气体的空腔，并随着稀疏区的扩展而增大，内部压力下降，与此同时，受周围液体压力及磨粒传递的冲击力作用，又使气体空腔压缩而提高压力，于是，转入压缩区状态时，迫使其破裂产生冲击波。由于进行的时间极短，因此会产生更大的冲击力作用于工件表面，从而加速磨粒的切蚀过程。

2. 超声加工的特点

1）适合加工各种硬脆材料，尤其是玻璃、陶瓷、宝石、石英、锗、硅、石墨等不导电的非金属材料；也可加工淬火钢、硬质合金、不锈钢、钛合金等硬质或耐热导电的金属材料，但加工效率较低。

2）由于去除工件材料主要依靠磨粒瞬时局部的冲击作用，故工件表面的宏观切削力很小，切削应力、切削热更小，不会产生变形及烧伤，表面粗糙度值也较小，可达 $Ra0.08 \sim 0.63\mu m$，尺寸精度可达±0.03mm，也适于加工薄壁、窄缝、低刚度零件。

3）工具可用较软的材料制作成较复杂的形状，且不需要工具和工件做比较复杂的相对运动，便可加工各种复杂的型腔和型面。一般超声加工机床的结构比较简单，操作、维修也比较方便。

4）超声加工的面积不够大，而且工具头磨损较大，故生产率较低。

3. 超声加工的应用

超声加工材料可分为硬脆性材料、复合材料和难加工金属类材料。超声加工的应用如下：

（1）加工型孔、型腔　主要适用于脆硬材料的圆孔、异形孔、型孔、型腔、套料、微细孔的加工等，如图 1-9 所示。

（2）切割加工　用普通机械加工方法切割脆硬的半导体材料很困难，但采用超声切割较为有效，如图 1-10～图 1-13 所示。

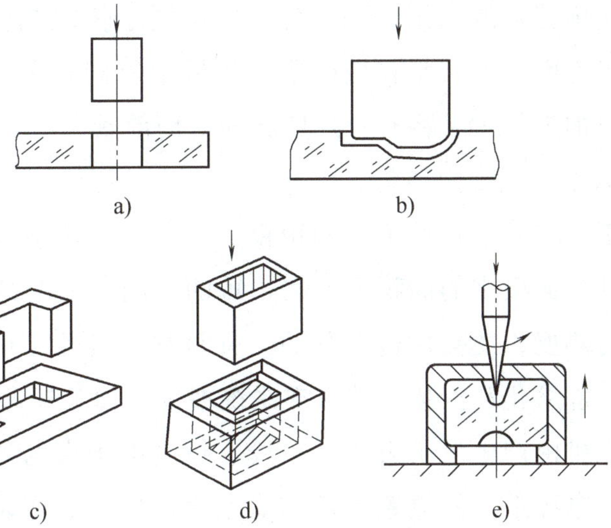

图 1-9　超声加工型孔、型腔

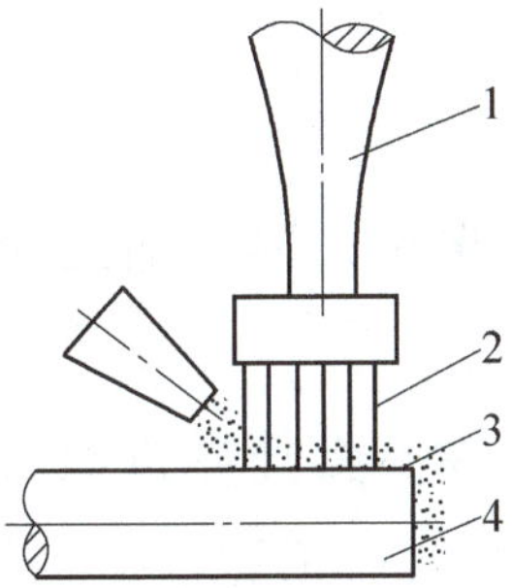

图 1-10　超声切割单晶硅片

1—变幅杆　2—工具（薄钢片）

3—磨料液　4—工件（单晶硅）

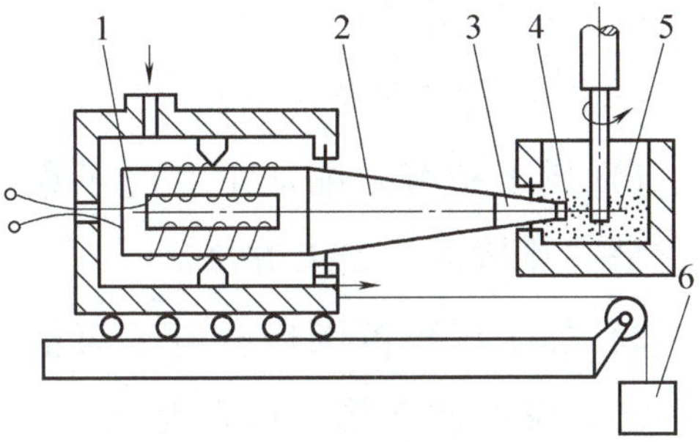

图 1-11　超声切割金刚石

1—换能器　2—变幅杆　3—工具头

4—金刚石　5—切割工具　6—重锤

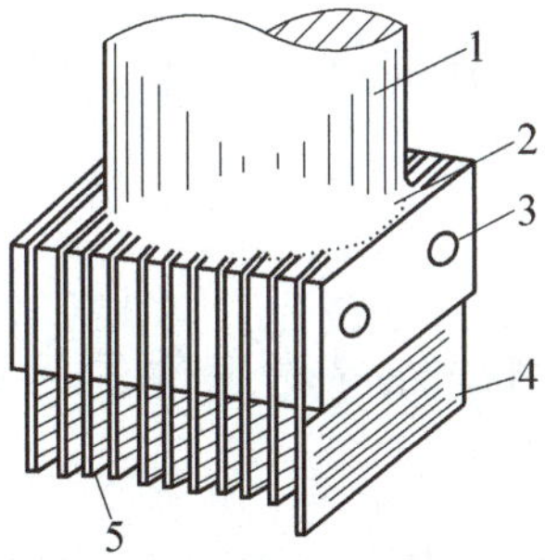

图 1-12　成批切槽刀具

1—变幅杆　2—焊缝　3—铆钉

4—导向片　5—软钢刀片

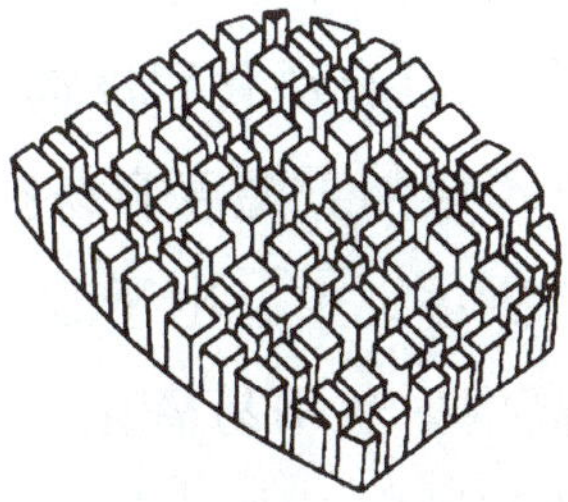

图 1-13　切割成的陶瓷模块

三、电子束加工

电子束加工（Electron Beam Machining，EBM）是以高能电子束流作为热源，对工件或材料实施特殊的加工，是一种完全不同于传统机械加工的新工艺。它们在精密微细加工方面，尤其是在微电子学领域中得到较多的应用。随着科学技术的发展，电子束加工技术必将有一片广阔的应用前景。

1. 电子束加工的原理

电子束加工是在真空条件下，利用聚焦后能量密度极高的电子束，以极高的速度冲击到工件表面极小的面积上，在很短的时间（几分之一微秒）内，其能量的大部分转变为热能，使被冲击部分的工件材料达到几千摄氏度以上的高温，从而引起材料的局部熔化和汽化，被真空系统抽走的加工技术。

电子束加工机由产生电子束的电子枪、控制电子束的聚束线圈、使电子束扫描的偏转线圈、电源系统和放置工件的真空室，以及观察装置等部分组成。先进的电子束加工机采用计算机数控装置，对加工条件和加工操作进行控制，以实现高精度的自动化加工。

2. 电子束加工的特点

1）属于精密微细加工。电子束能够极其细微地聚焦，因此加工面积可以很小，是一种精密的加工方法。

2）加工材料范围广。电子束能量密度很高，工件不受外界机械力作用，不产生宏观应力和变形，因此加工材料范围非常广，可以加工脆性、韧性的导体、非半导体和半导体等材料。

3）加工精度高，表面质量好。

4）加工生产率很高。电子束能量密度很高，因而加工生产率很高。

5）控制性能好。电子束能够通过磁场或电场对其强度、位置、聚焦程度进行直接控制，且自动化程度高。

6）电子束加工温度容易控制。

7）杂质污染少。电子束加工在真空中进行，因而外界对工件的污染少，加工表面在高温时也不易氧化。

8）设备昂贵。电子束加工需要一整套专用设备和真空系统，设备价格较贵，加工成本高。

3. 电子束加工的应用

电子束加工技术在国际上日趋成熟，应用范围广。国外定型生产的 40～300kV 的电子枪（以 60kV、150kV 为主），已普遍采用数控多坐标联动，自动化程度高。电子束焊接已成功地应用在特种材料、异种材料、空间复杂曲线、刻蚀、变截面焊接等方面。

1）窄缝加工，如图 1-14 所示。图 1-14 中各图形为电子束加工的人造纤维喷丝头异形孔喷嘴的截形，窄缝宽为 0.03～0.07mm，轮廓尺寸为 0.8mm。在国内由于受设备条件限制，一般均采用微细电火花加工完成。

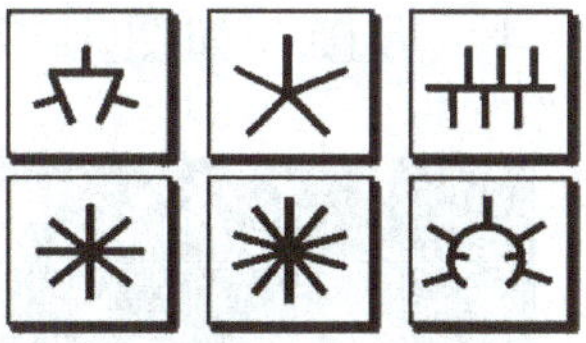

图 1-14　窄缝加工

2）曲面加工，如图 1-15 所示。

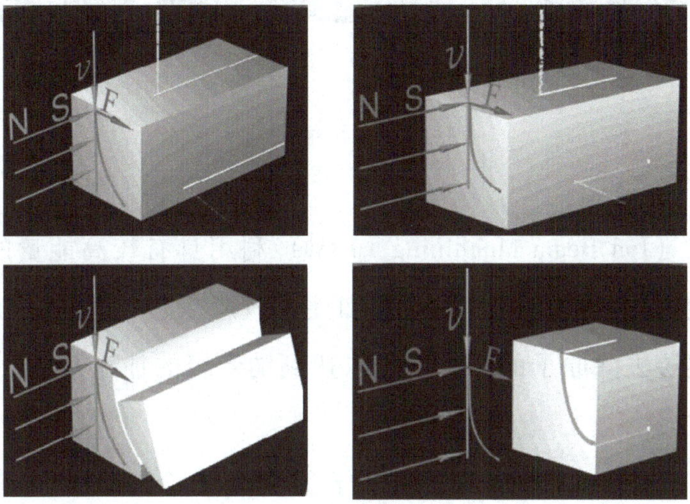

图 1-15　曲面加工

3）刻蚀，如图 1-16 所示。

刻线最小线宽＜0.1μm
间隔：0.2μm

正弦曲线 周期：20μm
振幅：10μm 线宽：1μm

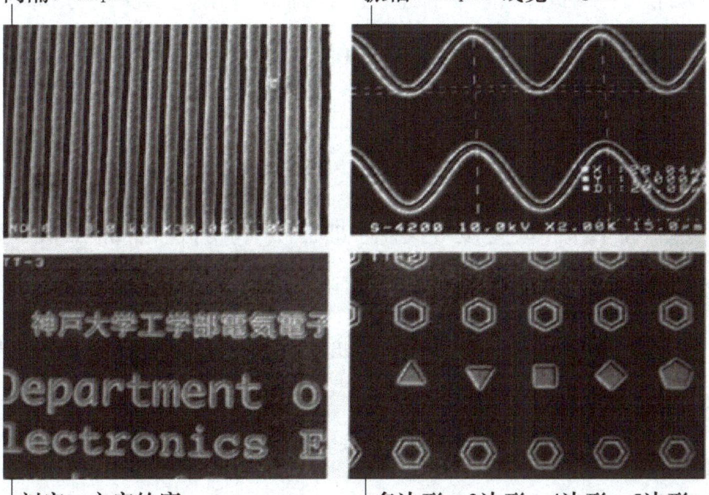

刻字：文字轮廓
尺寸：20μm

多边形：3边形、4边形、5边形、6边形
外接圆直径：10μm

图 1-16　刻蚀

4）焊接，如图 1-17 所示。

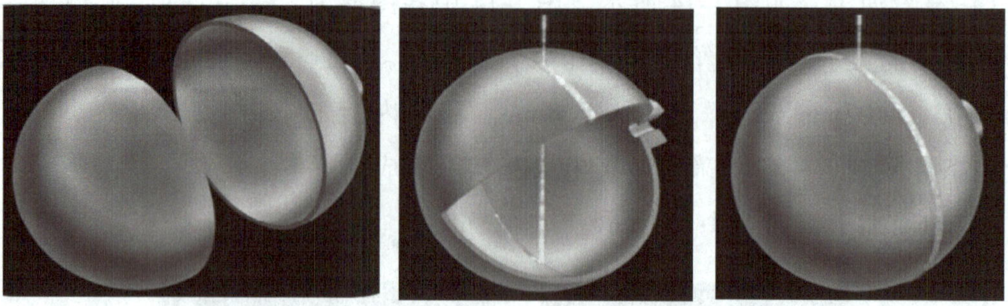

图 1-17　焊接

四、离子束加工

离子束加工（Ion Beam Machining，IBM）利用具有较高能量的离子束射到材料表面时所发生的撞击效应、溅射效应和注入效应来进行不同的加工。由于离子束轰击材料是逐层去除原子的，所以可以达到纳米级的加工精度。

1. 离子束加工的原理

离子束加工是在真空条件下利用离子源（离子枪）产生的离子经加速聚焦形成高能的离子束流投射到工件表面，使材料变形、破坏、分离以达到加工目的。

因为离子带正电荷且质量是电子的千万倍，且加速到较高速度时，具有比电子束大得多的撞击动能，因此，离子束撞击工件将引起变形、分离、破坏等机械作用，而不像电子束是通过热效应进行加工的。

2. 离子束加工的特点

1）加工精度高。因离子束流密度和能量可得到精确控制。

2）环境污染少，在较高真空度下进行加工，特别适合加工高纯度的半导体材料及易氧化的金属材料。

3）加工应力小，变形极微小，加工表面质量高，适合加工各种材料，特别适合低刚度零件的加工。

3. 离子束加工的应用

等离子体热喷涂技术已经进入工程化应用，已广泛应用在航空、航天、船舶等领域的产品关键零部件耐磨涂层、封严涂层、热障涂层和高温防护层等方面。

美国及欧洲国家目前多数用微波 ECR（电子回旋共振）等离子体源来制备各种功能涂层。

等离子焊接已成功应用于 18mm 铝合金的储箱焊接。配有机器人和焊缝跟踪系统的等离子体焊在空间复杂焊缝的焊接中也已实用化。微束等离子体焊在精密零部件的焊接中应用广泛。我国等离子体喷涂已应用于武器装备的研制，主要用于耐磨涂层、封严涂层、热障涂层和高温防护涂层等。

真空等离子体喷涂技术和全方位离子注入技术已开始研究，与国外尚有较大差距。等离子体焊接在生产中虽有应用，但焊接质量不稳定。

离子束加工方式包括离子刻蚀、离子溅射沉积、离子镀膜和离子注入等。

（1）离子刻蚀　当所带能量为 0.1~5keV、直径为十分之几纳米的氩离子轰击工件表面时，此高能离子所传递的能量超过工件表面原子或分子间键合力时，材料表面的原子或分子被逐个溅射出来，以达到加工目的。这种加工本质上属于一种原子尺度的切削加工，通常又称为离子铣削。

离子刻蚀可用于加工空气轴承的沟槽、打孔、加工极薄材料及超高精度非球面透镜，还可用于刻蚀集成电路等高精度图形。

（2）离子溅射沉积　采用能量为 0.1~5keV 的氩离子轰击某种材料制成的靶材，将靶材原子击出并令其沉积到工件表面上并形成一层薄膜。实际上此法为一种镀膜工艺。

（3）离子镀膜　离子镀膜一方面是把靶材射出的原子向工件表面沉积，另一方面还有高速中性粒子打击工件表面以增强镀层与基材之间的结合力（可达 10~20MPa）。此法适应性强、膜层均匀致密、韧性好、沉积速度快，目前已获得广泛应用。

（4）离子注入　用 5~500keV 能量的离子束，直接轰击工件表面，由于离子能量相当大，可使离子钻进被加工工件材料表面层，改变其表面层的化学成分，从而改变工件表面层的物理力学性能。此法不受温度及注入何种元素及粒量限制，可根据不同需求注入不同离子（如磷、氮、碳等）。注入表面元素的均匀性好，纯度高，其注入的粒量及深度可控制，但设备费用大，成本高，生产率较低。

五、激光加工

激光加工作为一种特种加工工艺，从 20 世纪 60 年代发展起来，现在已是相当成熟的一种特种加工技术。激光束具有强度高、密度大等特点，可以在空气介质中加工各种材料，在现代工业加工行业中的应用越来越广泛。

1. 激光加工的原理

激光加工是将激光束照射到工件的表面，以激光的高能量来切除、熔化材料以及改变物体表面性能。由于激光加工是无接触式加工，工具不会与工件的表面直接摩擦产生阻力，所以激光加工的速度极快、加工对象受热影响的范围较小而且不会产生噪声。由于激光束的能量和光束的移动速度均可调节，因此激光加工可应用到不同层面和范围上。激光加工原理示意图如图 1-18 所示。

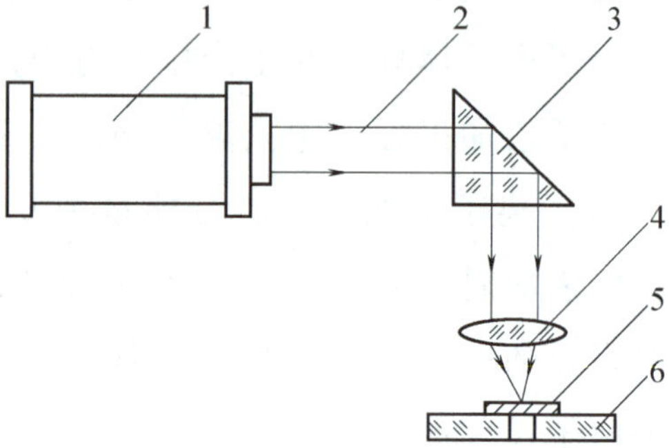

图 1-18　激光加工原理示意图

1—激光器　2—激光束　3—全反射棱镜　4—聚焦物镜　5—工件　6—工作台

2. 激光加工的特点

1）几乎可加工所有的金属和非金属材料。

2）激光能聚焦成极小的光斑。

3）可用反射镜将激光束送往远离激光器的隔离室或其他地点进行加工。

4）加工时不需用刀具，属于非接触加工，无机械加工变形。

5）无需加工工具和特殊环境，便于自动控制连续加工，加工效率高，加工变形和热变形小。

3. 激光加工的应用

由于激光束的能量和光束的移动速度均可调节，因此激光加工可应用到不同层面和范围上。激光加工的主要应用如图 1-19～图 1-22 所示。

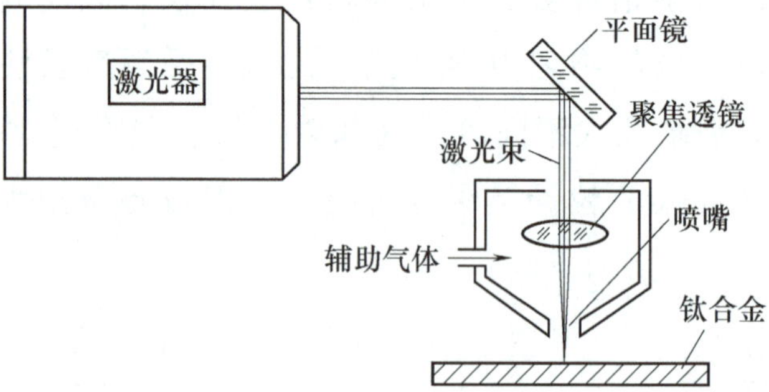

图 1-19　CO_2 气体激光器切割钛合金示意图

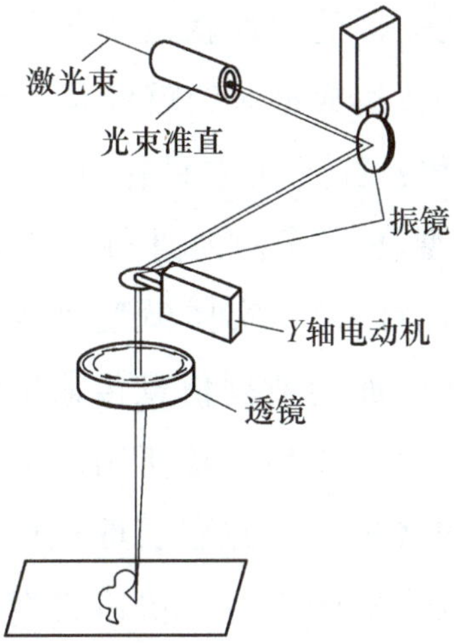

图 1-20　振镜式激光打标原理

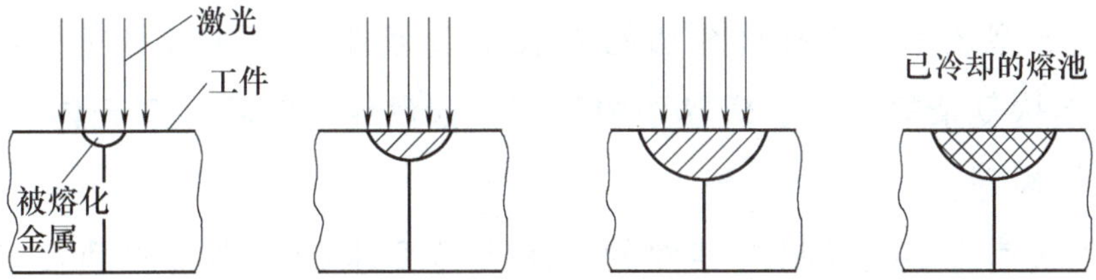

图 1-21　激光焊接

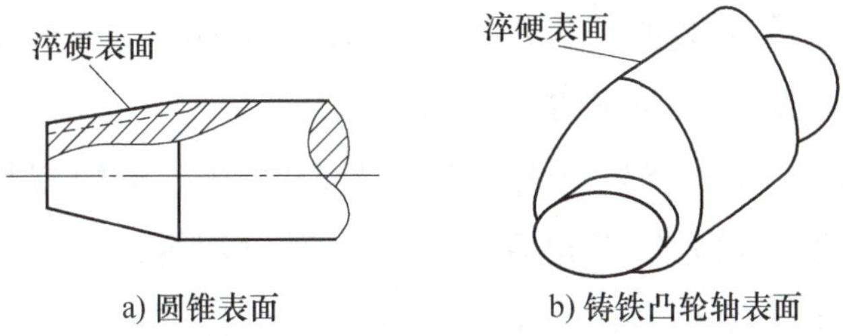

图 1-22　激光表面强化处理应用实例

六、快速成型

快速成型技术又称快速原型（Rapid Prototyping，RP）技术，诞生于 20 世纪 80 年代后期，是基于材料堆积法的一种高新制造技术，被认为是近年来制造领域的一个重大成果。RP 技术是在现代 CAD/CAM 技术、激光技术、计算机数控技术、精密伺服驱动技术以及新材料技术的基础上集成发展起来的。

1. 快速成型技术的原理

不同种类的快速成型系统因所用成型材料不同，成型原理和系统特点也各有不同。但是，其基本原理都是一样的，那就是“分层制造，逐层叠加”，类似于数学上的积分过程。形象地讲，快速成型系统就像是一台“立体打印机”。

快速成型技术的成型过程：首先建立目标件的三维计算机辅助设计（CAD 3D）模型，然后对该实体模型在计算机内进行模拟切片分层，沿同一方向（比如 Z 轴）将 CAD 实体模型离散为一片片很薄的平行平面；把这些薄平面的数据信息传输给快速成型系统中的工作执行部件，将控制成型系统所用的成型原材料有规律地一层层复现原来的薄平面，并层层堆积形成实际的三维实体，最后经过处理成为实际零件。快速成型的工艺过程如图 1-23 所示。

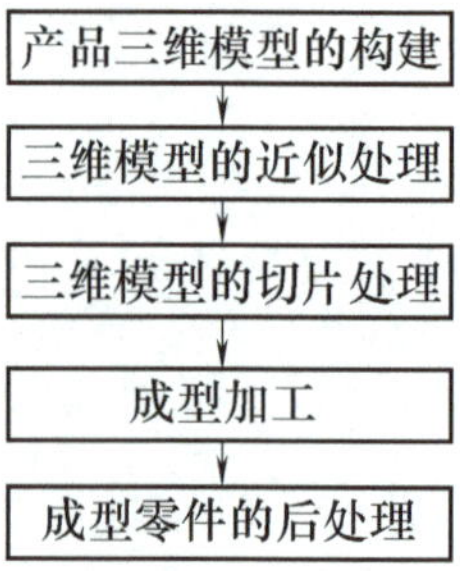

图 1-23　快速成型的工艺过程

2. 快速成型技术的重要特征

1）快速成型技术基于材料叠加的方法制造零件，可以不用模具较容易地制造出形状和结构复杂的零件、模具型腔件等，如汽轮机叶轮、泵壳体、手机机壳、医用骨骼与牙齿等。

2）应用快速成型技术制造零件的技术支持要求高。快速成型技术是机械加工技术领域的一次重大突破。快速成型技术是计算机图形技术、数据采集与处理技术、材料技术，以及机电加工与控制技术的综合体现。因此，快速成型技术完全建立在高科技的基础上，技术含量极高。

3）制造快捷，经济效益好。用快速成型技术制造模塑制品或铸造制品具有较大的优势，可以不用预先制造模具，直接制造出塑料件，或直接制造出用于熔模铸造用的蜡型，大大缩短了样品的制造时间。从计算机设计三维立体图形，或用实体采集形体数据反求实体数据，完成第一步造型开始，到制造出实体零件，一般只需要几个小时或几十个小时，这是传统制造方法很难做到的。快捷的成型技术在新产品开发过程中可以发挥极大的作用。

3. 快速成型技术的应用

1）新产品开发过程中的设计验证与功能验证。

2）可制造性、可装配性检验和供货询价、市场宣传，对有限空间的复杂系统，如汽车、卫星、导弹的可制造性和可装配性用 RP 技术进行检验和设计，将大大降低此类系统的设计制造难度。

3）单件、小批量和特殊复杂零件的直接生产。

4）快速模具制造。通过各种转换技术将快速原型转换成各种快速模具，如低熔点合金模、硅胶模、金属冷喷模、陶瓷模等，进行中小批量零件的生产，满足产品更新换代快、批量越来越小的发展趋势。

【技能训练】

1. 特种加工与传统加工有什么不同？
2. 简述特种加工对加工性和工艺的影响。
3. 谈谈生活中你见过的特种加工方法和产品。

项目二　电火花线切割机床及操作

知识目标	1. 掌握电火花线切割机床的组成及工作原理。 2. 掌握电火花线切割机床的主要工艺指标及其影响因素。 3. 熟悉电极丝的种类及应用场合。
技能目标	1. 能够判断电火花线切割机床的加工范围。 2. 能够根据实际问题对电火花线切割机床进行参数调整。 3. 能正确选用、安装及找正电极丝。
素养目标	1. 具有精益求精、一丝不苟的工匠精神。 2. 具有独立决策、实施任务的能力。

电火花线切割加工既是数控加工也是特种加工，常用于加工冲压模具的凸模、凹模，电火花成形机床的工具电极、工件样板、工具量规和细微复杂形状的小工件或窄缝等，并可将薄片重叠来加工以获得一致尺寸。电火花线切割机床分为快走丝和慢走丝两种。慢走丝多用于加工尺寸精度要求比较高和表面粗糙度值要求比较小的工件。

任务一　认识电火花线切割机床

【任务引入】

观看图 2-1 所示五角星零件的加工成形过程；认识电火花线切割机床的组成部分；熟悉电火花线切割机床加工工件的工作原理及应用范围。

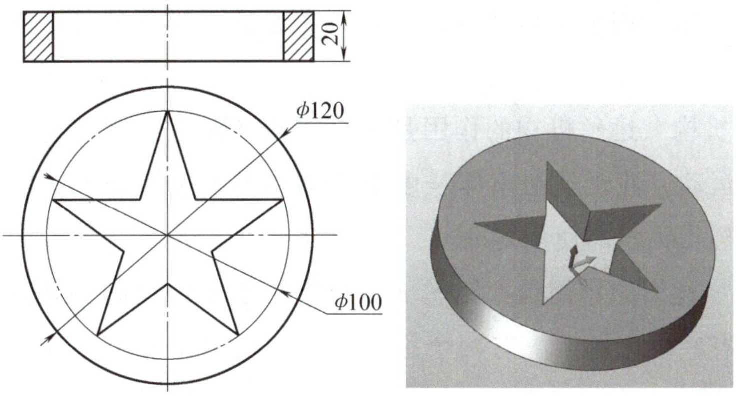

图 2-1　五角星零件

【任务内容】

电火花线切割机床，一般简称线切割机床，它利用电蚀加工原理，采用金属导线（钼丝或铜丝）作为工具电极切割工件。机床配有电子计算机用作数字程序控制，能按加工要求，自动控制切割任意角度的直线和圆弧。这类机床主要适用于切割淬火钢、硬质合金等特殊金属材料，加工一般金属切削机床难以正常加工的细缝槽或形状复杂的零件，在模具行业中的应用尤为广泛。

一、组成

一台普通的电火花线切割机床的结构总体上由机床部分、脉冲电源、数控装置三部分组成，如图 2-2 所示。

1. 机床部分

机床部分主要由床身、运丝机构、丝架、坐标工作台、工作液系统等组成，如图 2-3 所示。

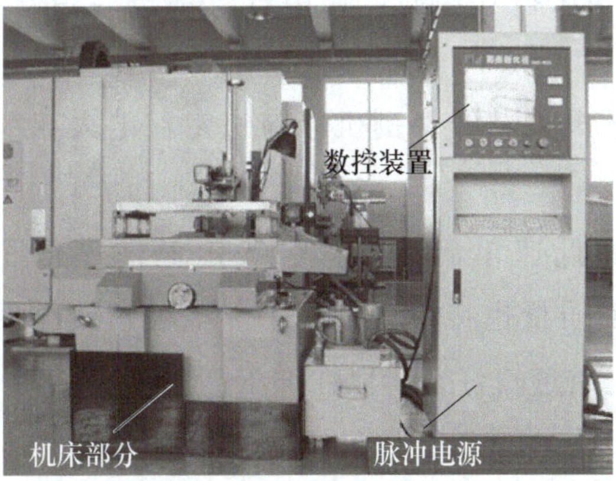

图 2-2　数控电火花线切割机床

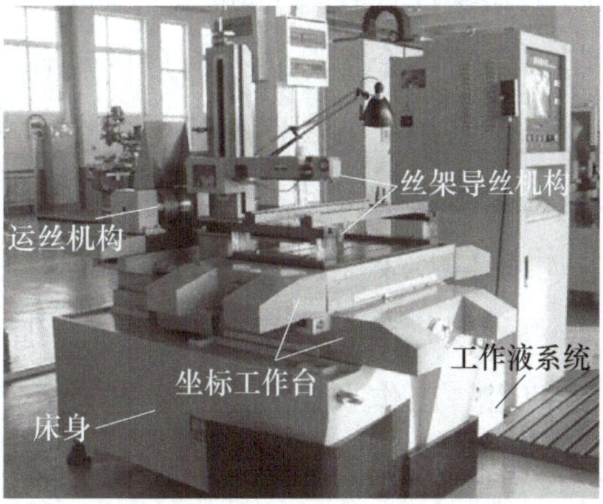

图 2-3　机床部分

（1）床身　床身用于支承和连接工作台、运丝机构等部件，内部安放机床电器和工作液系统。

（2）运丝机构　运丝机构的作用是将绕在储丝筒上的钼丝通过丝架做反复变换方向的送丝运动，使钼丝在整体长度上均匀参与电火花加工，以保证精度的稳定性，同时可延长钼丝的使用寿命。

（3）丝架　丝架的作用是把钼丝支承成垂直于工作台的一条直线，以便对工件进行加工。有些机床丝架上有两个拖板，分别由两个步进电动机带动，可用来加工锥体。

（4）坐标工作台　坐标工作台用于安装并带动工件在工作台平面内做 X、Y 两个方向的移动，工作台分上、下两层，分别与 X、Y 向丝杠相连，由两个步进电动机分别驱动。

（5）工作液系统　工作液系统由工作液、工作液箱、工作液泵和循环导管组成。工作液起绝缘、排屑、冷却的作用。每次脉冲放电后，工件与钼丝之间必须迅速恢复绝缘状态，否则脉冲放电就会转变成稳定持续的电弧放电，影响加工质量。工作液可把加工过程中产生的金属颗粒迅速从电极之间冲走，使加工顺利进行。工作液还可以冷却受热的电极和工件，防止工件变形。

2. 脉冲电源

脉冲电源是电火花线切割加工的工作能源，它由振荡器及功率放大板组成，振荡器的振荡频率、脉冲宽度和间隔比均可调。根据加工零件的厚度及材料选择不同的电流、脉冲宽度和间隔比。加工时钼丝接电源的负极，工件接电源的正极。

3. 数控装置

数控装置是数控机床的核心，它接收输入装置送来的脉冲信号，经过数控装置的系统软件或逻辑电路进行编译、运算和逻辑处理后，输出各种信号和指令，控制机床的各个部分进行有序的动作。

数控电火花线切割机床通常分为慢走丝电火花线切割机床与快走丝电火花线切割机床两类。

慢走丝电火花线切割机床是电极丝做低速单向运动，一般走丝速度低于 0.2m/s。慢走丝精度达 0.001mm，加工表面质量也接近磨削水平。电极丝放电后不再使用，工作平稳、均匀、抖动小，加工质量较好，所以在加工高精度零件时，慢走丝电火花线切割机床得到了广泛应用。

快走丝电火花线切割机床的电极丝做高速往复运动，走丝速度为 8～10m/s。

目前我国国内制造和使用的电火花线切割机床大多为快走丝电火花线切割机床。最常见的为 DK77 系列，D 表示电加工机床，K 表示数控，前一个 7 为电火花线切割机床的组别代号，后一个 7 表示快走丝电火花线切割机床。最后面 2 位表示其工作台的横向行程，如 DK7725 表示工作台横向行程为 250mm。国内电火花线切割机床的主要规格及技术参数见表 2-1。

表 2-1　国内电火花线切割机床的主要规格及技术参数

型号	DK7720	DK7725	DK7732	DK7740	DK7750	DK7763
工作台行程/mm（X 向行程×Y 向行程）	200×250	250×320	320×400	400×500	500×630	639×1000
丝架跨度/mm	300	400	400	400	500	600
手轮移动转数/r	1	4	4	4	4	6
切割锥度角/(°)	3~6	3~6	3~6	6~12	6~30	6~30
加工精度/mm	≤0.015	≤0.015	≤0.015	≤0.015	≤0.015	≤0.020
最大切割圆弧半径/mm	999.999	999.999	999.999	999.999	999.999	999.999
脉冲当量/mm	0.001	0.001	0.001	0.001	0.001	0.001
最大工件质量/kg	125	150	200	320	500	1200
钼丝直径/mm	0.12~0.18	0.12~0.18	0.12~0.18	0.12~0.18	0.12~0.18	0.12~0.18
机床质量/kg	1000	1200	1400	1600	1800	2500
机床外形尺寸/mm（长×宽×高）	1250×1000×1200	1500×1200×1500	1500×1200×1600	1800×1500×1600	2000×1700×1600	2100×1800×2000

二、工作原理

电火花线切割加工也是通过电极和工件之间脉冲放电时的电腐蚀作用，对工件进行加工的一种工艺方法。其加工原理与电火花成形加工相同，但加工方式不同，电火花线切割加工采用连续移动的金属丝作为电极，如图 2-4 所示。工件接脉冲电源的正极，电极丝接负极，工件（工作台）相对电极丝按预定的要求运动，从而使电极丝沿着所要求的切割路线进行电腐蚀，实现切割加工。

在加工中，电蚀产物由循环流动的工作液带走；电极丝以一定的速度运动（称为走丝运动），其目的是减小电极丝损耗，且不被火花放电烧断，同时也有利于电蚀产物的排除。

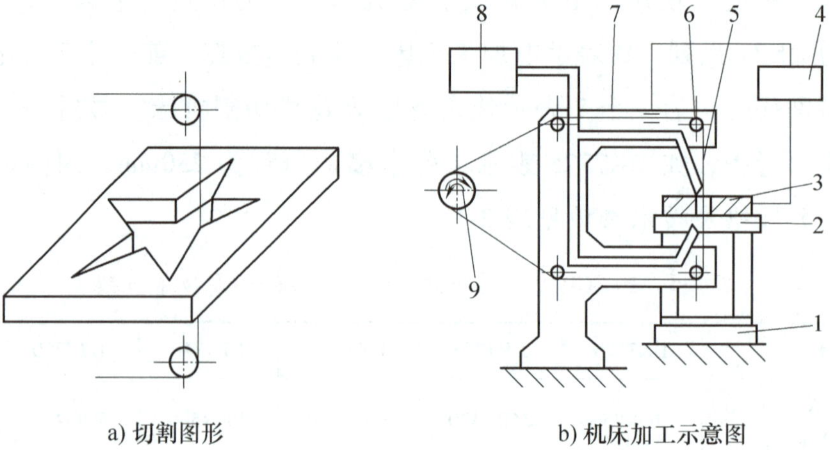

图 2-4 电火花线切割加工示意图

1—工作台 2—夹具 3—工件 4—脉冲电源 5—电极丝
6—导轮 7—丝架 8—工作液箱 9—储丝筒

三、线切割加工的特点及应用

1. 线切割加工的特点

1）不需要制造成形电极，工件材料的预加工量小。

2）能方便地加工出复杂形状的工件、小孔、窄缝等。

3）脉冲电源的加工电流小，脉冲宽度较窄，属中、精加工范畴，一般采用负极性加工，即脉冲电源的正极接工件，负极接电极丝。

4）由于电极丝是运动着的长金属丝，单位长度电极丝损耗较小，所以对切割面积不大的工件，因电极丝损耗带来的误差较小。

5）只对工件进行平面轮廓加工，故材料的蚀除量小，余料还可利用。

6）工作液选用乳化液，而不是煤油，成本低又安全。

2. 线切割加工的应用

线切割加工为新产品试制、精密零件及模具制造开辟了一条新的工艺途径，主要应用于以下几个方面。

（1）加工模具　适用于各种形状的冲模，调整不同的间隙补偿量，只需一次编程就可以切割凸模、凸模固定板、凹模及卸料板等，模具配合间隙、加工精度通常都能达到要求。此外，还可以加工挤压模、粉末冶金模、弯曲模、注射模等通常带锥度的模具。

（2）加工电火花成形加工用的电极　一般穿孔加工的电极以及带锥度型腔加

工的电极，对于铜钨、银钨合金之类的材料，用线切割加工特别经济，同时也适用于加工微细复杂形状的电极。

（3）加工零件　在试制新产品时，用线切割在板料上直接切割出零件，例如切割特殊微电动机硅钢片定子、转子铁心。由于不需另行制造模具，可大大缩短制造周期，降低成本。另外，修改设计、变更加工程序比较方便，加工薄件时还可以多片叠在一起加工。在零件制造方面，可用于加工品种多、数量少的零件，特殊难加工材料的零件，材料试验样件，各种型孔、凸轮、样板、成形刀具。同时还可以进行微细加工、异形槽和标准缺陷的加工等。

任务二　电火花线切割机床的主要工艺指标及影响因素

【任务引入】

线切割加工图 2-5 所示的凹模镶件，尺寸精度和表面粗糙度要求如图中所示。选择电火花线切割机床，认识、设置和调整线切割加工中的工艺指标。

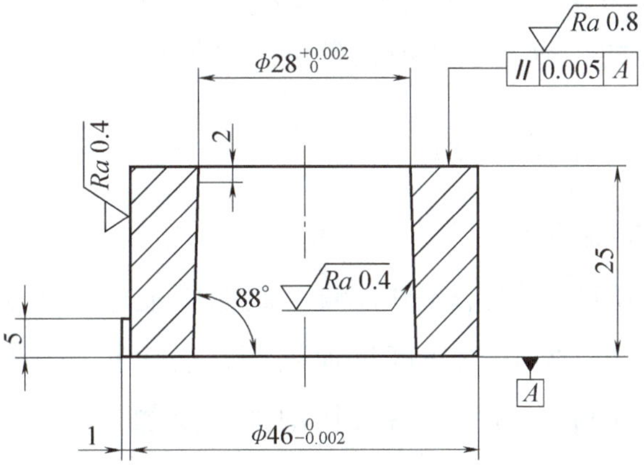

图 2-5　凹模镶件

【任务内容】

一、主要工艺指标

1. 切割速度

线切割加工中的切割速度是指在保证一定的表面粗糙度的切割过程中，单位时间内电极丝中心线在工件上切过的面积总和，单位为 mm^2/min。最高切割速度是指在不计切割方向和表面粗糙度等条件下，所能达到的最大切割速度。通常快走丝线切割加工的切割速度为 40～$80mm^2/min$。

2. 加工精度

加工精度是指所加工工件的尺寸精度和几何精度的总称。加工精度是一项综合指标，它包括切割轨迹的控制精度、机械传动精度、工件装夹定位精度以及脉冲电源参数的波动、电极丝的直径误差、损耗与抖动、工作液脏污程度的变化、加工操作者的熟练程度等对加工精度的影响。快走丝线切割的可控加工精度为 0.01～0.02mm，慢走丝线切割加工精度可达 0.005～0.002μm。

3. 表面粗糙度

表面粗糙度常用轮廓算术平均偏差 Ra（μm）来表示，快走丝线切割一般的表面粗糙度为 Ra2.5～Ra5μm，最佳也只有 1μm 左右。慢走丝线切割一般可达 Ra1.25μm，最佳可达 Ra0.2μm。

4. 电极丝损耗量

对快走丝线切割机床，电极丝损耗量用电极丝在切割 $10000mm^2$ 面积后电极丝直径的减少量来表示，一般减小量不应大于 0.01mm。对慢走丝线切割机床，由于电极丝是一次性的，故电极丝损耗量可忽略不计。

二、工艺指标的影响因素

1. 电参数对工艺指标的影响

1）放电峰值电流对工艺指标的影响。放电峰值电流增大，单个脉冲能量增多，工件放电痕迹增大，故切割速度迅速提高，表面粗糙度值增大，电极丝损耗增大，加工精度有所下降。因此第一次切割加工及加工较厚工件时取较大的放电峰值电流。

放电峰值电流不能无限制增大，当其达到一定临界值后，若再继续增大峰值电流，则加工的稳定性变差，加工速度明显下降，甚至断丝。

2）脉冲宽度对工艺指标的影响。在其他条件不变的情况下，增大脉冲宽度，线切割加工的速度提高，表面粗糙度值变大。这是因为当脉冲宽度增加时，单个脉冲放电能量增大，放电痕迹会变大。同时，随着脉冲宽度的增加，电极丝损耗也变大。因为脉冲宽度增加，正离子对电极丝的轰击加强，结果使得接负极的电极丝损耗变大。

当脉冲宽度增大到一临界值后，线切割加工速度将随脉冲宽度的增大而明显减小。因为当脉冲宽度达到一临界值后，加工稳定性变差，从而影响了加工速度。一般来说，脉冲宽度越大，单个脉冲能量越大，切割效率越高，表面粗糙度值也增大。脉冲宽度与表面粗糙度值之间的关系见表 2-2。

表 2-2　脉冲宽度（t_i）与表面粗糙度值（Ra）之间的关系

t_i/μs	5	10	20	40
Ra/μm	2	2.5	3.2	4.0

3）脉冲间隔对加工工件也有影响，特别是厚度大的工件，切割加工排屑时间长，脉冲间隔时间也要增长。脉冲间隔比与工件厚度之间的关系见表 2-3。

表 2-3　脉冲间隔比与工件厚度之间的关系

工件厚度/mm	10	20	30	40	50	60	70	80	90~500
脉冲间隔比	4	4	4	4	5	6	7	8	8
功率放大管数 n	≥1	≥2	≥3	≥4	≥5	≥6	≥7	≥8	9

2. 电极丝及走丝速度对工艺指标的影响

（1）电极丝对工艺指标的影响　目前电火花线切割加工使用的电极丝材料有钼丝、钨丝、钨钼合金丝、黄铜丝、铜钨丝等。采用钨丝加工时，可获得较高的加工速度，但放电后丝质易变脆，容易断丝，故应用较少，只在慢走丝弱规准加工中尚有使用。钼丝比钨丝熔点低，抗拉强度低，但韧性好，在频繁的急热急冷变化过程中，丝质不易变脆、不易断丝。钨钼丝加工效果比前两种都好，它具有钨、钼两者的特性，使用寿命和加工速度都比钼丝高。铜钨丝有较好的加工效果，但抗拉强度低，价格比较昂贵，来源较少，故应用较少。采用黄铜丝作为电极丝时，加工速度较高，加工稳定性好，但抗拉强度低，损耗大。

目前，快走丝线切割加工中广泛使用钼丝作为电极丝，慢走丝线切割加工中广泛使用直径为 0.1 mm 以上的黄铜丝作为电极丝。

电极丝的直径是根据加工要求和工艺条件选取的。在加工要求允许的情况下，可选用直径大些的电极丝。电极丝直径大，抗拉强度高，承受电流大，可采用较强的电规准进行加工，能够提高输出的脉冲能量，提高加工速度。同时，电极丝粗，切缝宽，放电产物排除条件好，加工过程稳定，能提高脉冲利用率和加工速度。若电极丝过粗，则难加工出内尖角工件，降低了加工精度，同时切缝过宽使材料的蚀除量变大，加工速度也有所降低；若电极丝直径过小，则抗拉强度低，易断丝，而且切缝较窄，放电产物排除条件差，加工经常出现不稳定现象，导致加工速度降低。细电极丝的优点是可以得到较小半径的内尖角，加工精度能相应提高。

（2）走丝速度对工艺指标的影响　对于快走丝线切割机床，在一定的范围内，随着走丝速度的提高，有利于脉冲结束时放电通道迅速消电离。同时，高速运动的电极丝能把工作液带入厚度较大工件的放电间隙中，有利于排屑和放电加工稳定进行。故在一定加工条件下，随着走丝速度的增大，加工速度提高。快走丝方式中走丝速度对加工速度的影响如图 2-6 所示。

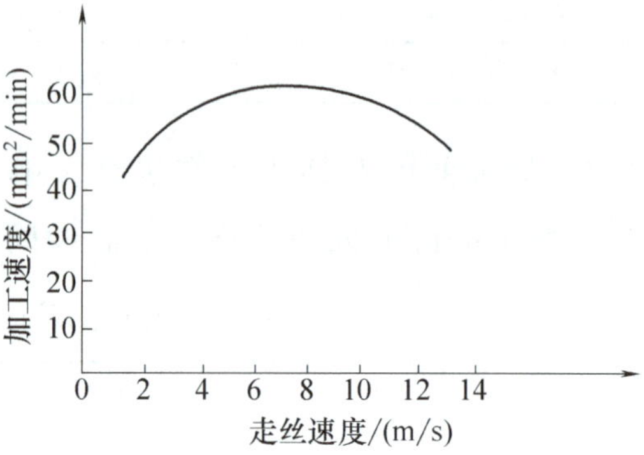

图 2-6　快走丝方式中走丝速度对加工速度的影响

当走丝速度由 1.4m/s 上升到 7～9m/s 时，走丝速度对切割速度的影响非常明显。若再继续增大走丝速度，切割速度不仅不增大，反而开始下降，这是因为走丝速度再增大，排屑条件虽然仍在改善，蚀除作用基本不变，但是储丝筒一次排丝的运转时间减少，使其在一定时间内的正反向换向次数增多，非加工时间增多，从而使加工速度降低。

对慢走丝线切割机床来说，同样也是走丝速度越快，加工速度越快。因为慢走丝机床电极丝的线速度范围约为每秒零点几毫米到几百毫米。这种走丝方式是比较平稳均匀的，电极丝抖动小，故加工出的零件表面粗糙度值小、加工精度高；但丝速慢导致放电产物不能及时被带出放电间隙，易造成短路及不稳定放电现象。慢走丝方式中走丝速度对加工速度的影响如图 2-7 所示。

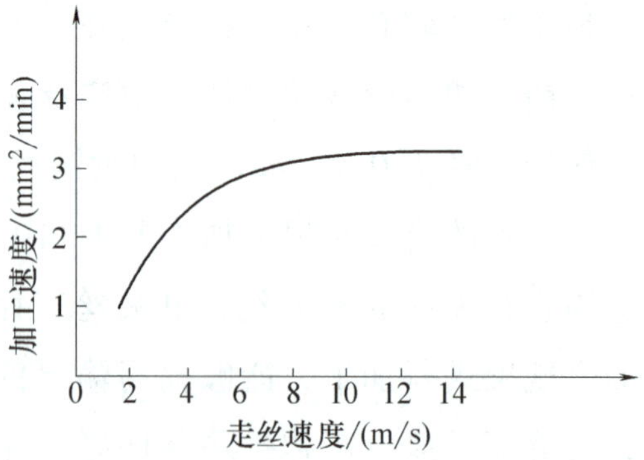

图 2-7　慢走丝方式中走丝速度对加工速度的影响

提高电极丝走丝速度，工作液容易被带入放电间隙，放电产物也容易排出间隙之外，故改善了间隙状态，进而可提高加工速度。但在一定的工艺条件下，当丝速达到某一值后，加工速度就趋向稳定。

3. 工作液对工艺指标的影响

在相同的工作条件下，采用不同的工作液可以得到不同的加工速度和表面粗糙度。电火花线切割加工的切割速度与工作液的介电系数、流动性、洗涤性等有关。快走丝线切割机床的工作液有煤油、去离子水、乳化液、洗涤剂液、乙醇溶液等。但由于煤油、乙醇溶液加工时加工速度低、易燃烧，现已很少采用。目前，快走丝线切割工作液广泛采用的是乳化液，其加工速度快。慢走丝线切割机床采用的工作液是去离子水和煤油。

4. 工件材料及厚度对工艺指标的影响

（1）工件材料对工艺指标的影响　工艺条件大体相同的情况下，工件材料的化学、物理性能不同，加工效果也将会有较大差异。

在慢速走丝方式、煤油介质情况下，加工铜件过程稳定，加工速度较快。加工硬质合金等高熔点、高硬度、高脆性材料时，加工稳定性及加工速度都比加工铜件低。加工钢件，特别是不锈钢、磁钢和未淬火或淬火硬度低的钢等材料时，加工稳定性差，加工速度低，表面粗糙度值也大。

在快速走丝方式、乳化液介质的情况下，加工铜件、铝件时，加工过程稳定，加工速度快。加工不锈钢、磁钢、未淬火或淬火硬度低的高碳钢时，加工稳定性差些，加工速度也低，表面粗糙度值也大。加工硬质合金钢时，加工比较稳定，加工速度低，但表面粗糙度值小。

材料不同，加工效果不同，这是因为工件材料不同，脉冲放电能量在两极上的分配、传导和转换都不同。从热学观点来看，材料的电火花加工性与其熔点、沸点有很大关系。

（2）工件厚度对工艺指标的影响　工件厚度对工作液进入和流出加工区域以及电蚀产物的排除、通道的消电离等都有较大的影响。同时，电火花通道压力对电极丝抖动的抑制作用也与工件厚度有关。这样，工件厚度对电火花加工稳定性和加工速度必然产生相应的影响。

工件薄，工作液容易进入和充满放电间隙，对排屑和消电离有利，加工稳定性好。但是工件若太薄，对固定丝架来说，电极丝从工件两端面到导轮的距离大，易发生抖动，对加工精度和表面粗糙度带来不良影响，且脉冲利用率低，切割速度下降；若工件太厚，工作液难进入和充满放电间隙，这样对排屑和消电离不利，加工稳定性差。

5. 进给速度对工艺指标的影响

（1）进给速度对加工速度的影响　正常的电火花线切割加工就是要保证进给速度与蚀除速度大致相等，使进给均匀平稳。若进给速度过高，即电极丝的进给速度明显超过蚀除速度，则放电间隙会越来越小，以致产生短路。当出现短路时，电极丝马上会产生短路而快速回退。当回退到一定的距离时，电极丝又以大于蚀除速度的速度向前进给，又开始产生短路、回退。这样频繁的短路现象，一方面造成加工的不稳定，另一方面造成断丝。若进给速度太慢，即电极丝的进给速度明显落后于工件的蚀除速度，则电极丝与工件之间的距离越来越大，造成开路。这样出现工件蚀除过程暂时停顿，整个加工速度自然会大大降低。由此可见，在线切割加工中调节进给速度虽然本身并不具有提高加工速度的能力，但它能保证加工的稳定性。

（2）进给速度对工件表面质量的影响　进给速度调节不当，不但会造成频繁的短路、开路，而且还影响加工工件的表面粗糙度，致使出现不稳定条纹，或出现表面烧蚀现象。分下列几种情况讨论：

1）进给速度过高。这时工件蚀除的线速度低于进给速度，会频繁出现短路，造成加工不稳定，平均加工速度降低，加工表面发焦，呈褐色，工件的上、下端面均有过烧现象。

2）进给速度过低。这时工件蚀除的线速度大于进给速度，经常出现开路现象，导致加工不能连续进行，加工表面也发焦，呈淡褐色，工件的上、下端面也有过烧现象。

3）进给速度稍低。这时工件蚀除的线速度略高于进给速度，加工表面较粗、较白，两端面有黑白相间的条纹。

4）进给速度适宜。这时工件蚀除的线速度与进给速度相匹配，加工表面细而亮，丝纹均匀。因此，在这种情况下，能得到表面粗糙度值小、精度高的加工效果。

任务三　电极丝的选用及安装

【任务引入】

选用、安装电极丝，保证电极丝的垂直度，电火花线切割加工图 2-8 所示的五角星。

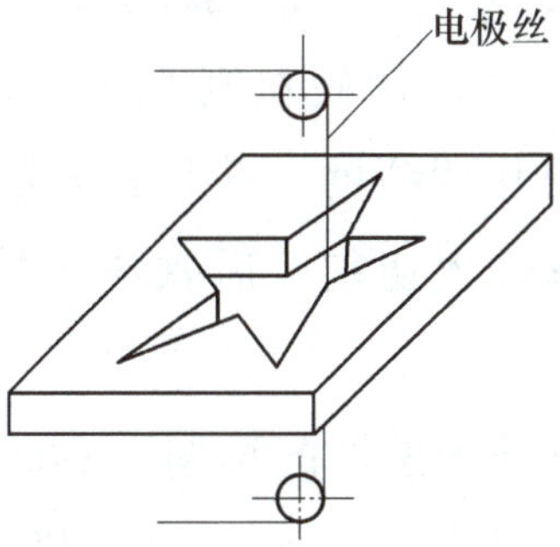

图 2-8　数控电火花线切割加工

【任务内容】

一、电极丝的选用

1. 电极丝的特性

（1）电气特性　现代线切割电源对电极丝提出了严格的要求。它要能承受峰值超过 700A 或平均值超过 45A 的大切割电流，而且能量的传输必须非常有效，才能提供为达到小表面粗糙度值（$Ra \leqslant 0.2\mu m$）所需的高频脉冲电流。这取决于电极丝的电阻或电导率。纯铜是电导率最高的材料之一，它被用来作为衡量其他材料的基准。纯铜的电导率标为 100%IACS（国际退火纯铜标准），而黄铜的电导率为 20%。

（2）力学特性

1）抗拉强度。抗拉强度是衡量材料在受到径向载荷时抵抗断裂的能力。它用单位截面面积所能承受的载荷来表示，如英制的 psi（磅/英寸^2）或米制的 N/mm^2（牛/毫米^2）。纯铜属于抗拉强度最低的材料（245N/mm^2），而钼则最高（1930N/mm^2）。电极丝的抗拉强度取决于材料的选择以及各种热处理和拉伸处理工艺。电极丝有时被分为“软丝”和“硬丝”，对于不同的设备和应用来说，各有其长处。

2）记忆效应。这与电极丝的“软”和“硬”直接相关。软丝抽离线轴时没有恢复成直线的记忆能力，所以无法用于自动穿丝，但这对切割来说并没有影响，因为加工时电极丝上是加了张力的。软丝适用于上、下导丝嘴不能倾斜的设备进行超过 7°的大斜度切割。而硬丝则是自动穿丝机的最佳选择，同时因为抗拉强度高，其抵抗因切割时电流和冲洗力造成丝的抖动的能力较强。

3）延伸率。延伸率是切割加工中由于张力和热量引起电极丝长度变化的百分比。软丝的延伸率可大到20%，而硬丝则小于2%。软丝在斜度加工时，延伸率高的电极丝更能保证斜面的几何精度，并且较软的电极丝在导丝嘴中滑动时产生的振动也较小。不过电极丝进入切割区后软丝的抖动程度比硬丝大，所以还得折中考虑。

（3）几何特性　在线切割技术发展的早期（1969年到1970年代中期），对电极丝几乎没有做任何的研究，用的是现成的电动机和电缆上的纯铜丝。而今天，高效率、高精度的线切割机要求电极丝具有误差极小的几何特性。电极丝制造的最后工序是采用多个宝石拉丝模来得到光滑、圆度极好、丝径偏差为±0.001mm的成品。另外，还有一些电极丝却特意设计成具有相对粗糙的表面，可以提高切割速度。

（4）热物理特性　电极丝的热物理特性是提高切割效率的关键。这些特性是通过合金成分的配比或基础芯材的选择来确定的。

电极丝的熔点是一项重要的指标。由于电极丝通过导丝嘴时的机械运动，以及冲洗力和放电等因素，电极丝在切割时是有抖动的。这将造成无数次的极小的短路，使切割过程减慢。电极丝工作时如果在外径上能够损耗一些，这样它在面对切口方向的空隙可以防止或减少短路效应。同时它在背对切口方向的空隙有助于改善冲洗作用，可以更好地去除加工废屑。电极丝外径的损耗不会影响加工精度，因为新的电极丝在不断的进给。这是冶金学家在研究电极丝的冲洗性时要考虑的材料的特性之一。

电火花切割时会产生大量的热量，其中的一些热量被电极丝吸收，这会降低切割效率。如果太多的热量损耗在电极丝上，电极丝就会因过热而熔断。因此需要电极丝表面能够快速汽化，在电极丝得到冷却的同时把热能释放到工件上。材料受热达到熔点后就会汽化，产生汽化压力。熔点低的材料更容易汽化。电极丝所应该具有的另一个特性就是低熔点和高汽化压力，可以帮助把废渣吹离切缝。这就是电极丝冲洗性好所应该具备的另一个特性。当电极丝和工件在切割表面处是汽化而不是熔化时，产生的是气体而不是熔化的金属颗粒。这反过来又改善了冲洗过程，因为要冲走的颗粒少了。

2. 电极丝的种类与应用

目前，市场上可选用的电极丝可分为以下几类：

（1）黄铜丝　黄铜丝是线切割领域中第一代专业电极丝。1977年，黄铜丝开始进入市场。这种电极丝曾带来了切割速度上的突破，当时对于厚度为 50mm 的工件，切割速度从 $12mm^2/min$ 提高到 $25mm^2/min$。是什么使速度翻了一倍呢？黄铜是纯铜与锌的合金，最常见的配比是 65%的纯铜和 35%的锌。当时发现黄铜丝中的锌由于熔点较低（420℃，而纯铜为 1080℃），能够改善冲洗性。在切割过程中，锌由于高温而汽化使得电极丝的温度降低并把热量传送到工件的加工面上。理论上讲，锌的比例越高越好，不过在黄铜丝的制造过程中，当锌的比例超过 40%后，电极丝的 α 单相结晶结构变成了 α 和 β 双相结晶结构。这时材料变得太脆而不适合把它拉成直径很小的细丝。

黄铜丝可以有不同的抗拉强度来满足不同的设备和应用场合。这是通过一系列的拉丝（淬火作用）和热处理（退火）工序来实现的。普通黄铜丝的抗拉强度为 $490 \sim 900N/mm^2$。

1）黄铜丝的主要缺点：

① 加工速度无法提高。由于黄铜中锌的比例一定，所以放电时的能量转化，很多用户的主切割速度都在 $120mm^2/min$ 左右。

② 加工表面质量不佳。黄铜丝表面的铜粉和放电时由于电极丝表层汽化而带出的铜微粒会积存在工件的加工面上形成表面积铜。同时由于冲洗性不好而在工件表面产生较厚的变质层，这些都会影响工件的表面硬度和表面粗糙度。

③ 加工精度不高。特别是在加工较厚的工件时，由于冲洗性不良，会产生较大的直线度误差（上、下端尺寸误差和鼓形）。

此外，由于价格竞争的原因，目前国内的低价黄铜丝普遍存在着各种质量问题，例如因采用的铜材坯料材质不良以及拉丝设备和工艺上的原因导致黄铜丝表面铜粉较多，截面几何误差太大等，这些都会导致放电稳定性下降，严重影响加工速度和质量。同时，还会污染设备部件加大设备的损耗。

2）黄铜丝的主要应用场合：

① 加工量不足，以及不是 24h 开机的用户。因为加工效率对于这些用户来说不是主要问题。

② 对加工精度特别是表面质量要求不高的用户。

③ 以加工小尺寸、零件厚度薄为主的用户。因为工件装夹调整的时间占总加工时间的比例较高，切割时间较少，对加工效率的影响不明显。

④ 工件的材料硬度不高或厚度不超过 100mm。

虽然随着各种更好性能的镀层电极丝的出现和普及，黄铜丝的市场份额呈不断下降的趋势，但由于它成本低廉，并且能满足普通的加工需求，因此还会继续得到广泛的应用。同时，市场上还出现了一些在性能上有不同程度改善且价格低于镀层电极丝的新型黄铜丝。

3）新型黄铜丝：

① 超净型黄铜丝。针对普通黄铜丝表面铜粉过多这一弊端，通过在后道工序中增加特别的清洗工艺而制成。

② 超硬型黄铜丝。通过在黄铜中加入其他微量元素，使黄铜丝的抗拉强度高达 $1200N/mm^2$。这种丝在加工超厚或超硬工件时可以改善加工精度和切割速度。

③ 高速型黄铜丝。将黄铜中锌的比例加大到极限的40%，可以改善冲洗性，提高切割速度。但是，其切割速度还是比镀锌电极丝要慢。

（2）镀层电极丝　由于低熔点的锌对于改善电极丝的放电性能有着明显的作用，而黄铜中锌的比例又受到限制，所以人们想到了在黄铜丝外面再加一层锌，这就产生了镀锌电极丝。1979年瑞士几位工程师发明的这种方法，使电极丝的发展向前迈进了一大步，并导致了更多新型镀层电极丝的出现。

1）镀层电极丝的主要优点：

① 切割速度高，不易断丝。品质好的镀锌电极丝切割速度可比优质黄铜丝快30%~50%，目前广东地区很多用户采用直径为0.25mm的镀锌电极丝，切割速度平均为 $150\sim180mm^2/min$。

② 加工工件的表面质量好，无积铜，变质层得到改善，因此工件表面的硬度更高，模具的寿命延长。

③ 加工精度提高，特别是加工工件尖角部位的形状误差、厚工件的直线度误差等均比黄铜丝有改善。

④ 导丝嘴等部件的损耗减小。锌的硬度比黄铜低，同时镀锌丝不像黄铜丝那样有很多铜粉，所以不容易堵塞导丝嘴，污染相关部件。

2）镀层电极丝的分类。镀层电极丝生产工艺主要有浸渍、电镀和扩散退火这三种方法。电极丝的芯材主要有黄铜、纯铜和钢。镀层的材料则有锌、纯铜、铜锌合金和银。目前市场上较为成熟的这类电极丝按应用区分主要有以下几种：

① 普通镀锌电极丝。由于浸渍这种工艺相对比较简单，所以很多电极丝制造商都采用这种方法来生产镀锌电极丝。但是镀锌后再拉丝，其最大的问题是无法控制镀层的均匀性，所以用这种工艺生产的电极丝放电性能不够稳定，速度只比黄铜丝提高不到10%。有些品质较差的镀锌电极丝其颜色往往不是均匀的银灰色，

可以看到一些浅黄色相间其中，这就是所谓“露铜”现象。这类电极丝虽然价格比较便宜，只比黄铜丝稍贵一些，但是采用的不多。

② 高精度加工用镀锌电极丝。这类电极丝多是采用电镀的方法，所以可以较好地控制镀锌层的厚度，放电性能稳定，不易断丝，适合四次切割以上的精密加工。切割速度一般可以比黄铜丝快30%左右。常见的品牌有德国 Berkenhoff 公司的 COBRA CUT A、MEGA CUT A，德国 Heinrich Stamm 公司的 STAMM CUT ZC900 和 STAMM CUT ZC950 等。

韩国 OPEC 公司的 ZINCO 系列镀锌电极丝，虽然也是采用的浸渍工艺，但是其工艺方法与众不同。该工艺的特点是先将黄铜芯材拉制到了接近最后直径的时候进行镀层，然后再拉丝。其镀层由多层铜锌合金组成，锌的比例从里到外呈梯度渐变，以外层的锌为最多，且表面是有利于改善冲洗性能的微观多孔结构。

③ 高速度加工用镀层电极丝。这种电极丝以扩散退火工艺制作，是一种复合电极丝，有较厚的含有50%的锌和50%的纯铜的镀层。这种镀层需经过一系列的热处理过程，其颜色因镀层扩散而从亮银色变为黄褐色。这种电极丝的芯为 α 结构而镀层则为 β 结构，它最后经过一道拉伸加工工艺通过冷压把镀层压进芯材中。扩散过的电极丝表面是多孔的，它有助于改善冲洗性。这种电极丝的切割速度是目前最快的。常见的品牌有 COBRA CUT D、BRONCO CUT X、MEGACUT D、SWX、STAMMCUT Xi 等。

韩国 OPEC 公司针对 Charmilles 的线切割机研制的 HUNT-X 电极丝，虽然不是采用扩散退火工艺，但是其切割性能与这类电极丝非常相似，也属于高速电极丝，可以用于对速度有较高要求的加工。

④ 高难度加工用镀层电极丝。钢芯电极丝是一种复合电极丝，它由钢制的芯加上中间的纯铜镀层和外面的黄铜镀层组成。钢芯在常温下的抗拉强度与黄铜丝差不多，但是随着温度的升高黄铜丝的抗拉强度迅速降低，而钢的抗拉强度此时则高于黄铜丝。但是，由于钢的导电性能不好，因此在钢芯外面包了一层纯铜用以提高电导率，而外面的黄铜层则起到了改善冲洗性能的作用。

对于难度较高的线切割加工，虽然采用较粗直径（0.30mm）的电极丝，或采用镀锌电极丝可以使情况有所改善，但是要想达到较高的加工要求，最佳的选择还是这种钢芯电极丝。

a. 高厚度加工。一般来说，当加工的工件较厚时（通常超过100mm），加工速度明显降低，并且加工面的直线度误差会很大。此时采用钢芯丝加工，可以明显改善速度和精度。

b. 冲水不良状态的加工。例如大斜度加工，工件厚度不规则、变化范围较大的加工和多个工件叠加起来的加工等。冲水不良容易造成断丝，加工速度因而下降。同时，也会导致二次放电增加，影响表面质量。

c. 工件材料难以加工。例如石墨、铜、铝合金等较难切割的材料。常见的品牌有日本 FUJIKURA 公司的 COMPEED 钢芯电极丝。

⑤ 超精密加工用电极丝。黄铜丝或镀层丝的直径一般为 0.30~0.07mm。而对于一些电子光学和钟表行业的微细零件或超精密的加工，要求电极丝的直径为 0.10~0.03mm。过去这种电极丝是采用钨丝或钼丝制作的，价格非常昂贵。现在则普遍采用高抗拉强度的钢丝（100 碳钢琴线）外面加镀黄铜来制作，俗称“钢琴线”。这种电极丝的抗拉强度为一般电极丝的 2 倍，高达 2000N/mm^2 以上。常见的品牌有德国的 MICRO CUT，日本的 SPWire。

二、电极丝的安装（以苏州新火花机床为例）

1. 上丝操作

1）关闭断丝保护。按压手控盒上的【关断丝】按键，指示灯亮起表示断开断丝保护开关。手控盒如图 2-9 所示。

2）将丝盘套在上丝轴上，并用螺母锁紧。

3）按压【ON 丝筒】按键，转动丝筒接近左端极限位置。

4）将电极丝的一端绕过导轮固定在储丝筒端部的紧固螺钉上，如图 2-10 所示。

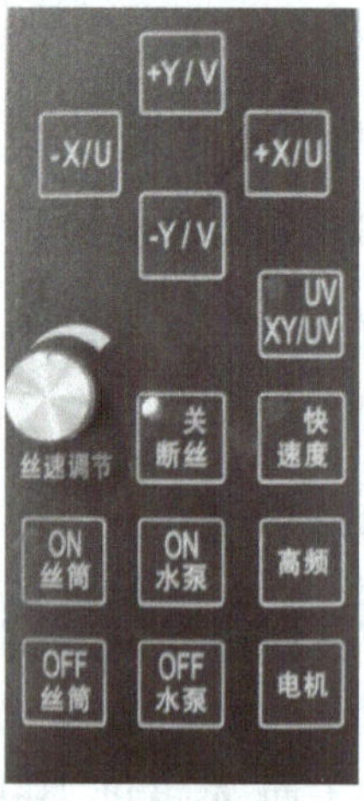

图 2-9 手控盒

图 2-10 上丝示意图

5）反向低速转动储丝筒缠绕电极丝，接近储丝筒右端极限位置时停止转动（电极丝缠绕长度根据加工需求而定）。

6）将电极丝固定在储丝筒右端紧固螺钉上，剪掉多余电极丝。

2. 穿丝操作

按照图 2-11 所示穿丝示意图完成穿丝操作。

1）在储丝筒左端穿丝时，电极丝依次经过导轮 1、2、3，丝头固定在储丝筒 4 左端的紧固螺钉上。

2）在储丝筒右端穿丝时，电极丝依次经过导轮 3、2、1，丝头固定在储丝筒 4 右端的紧固螺钉上。

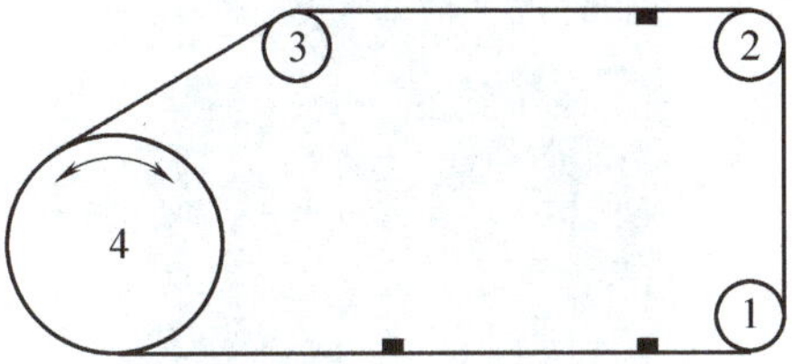

图 2-11　穿丝示意图

1、2、3—导轮　4—储丝筒

3. 紧丝操作

1）手持紧丝轮，挂住电极丝。

2）按压【ON 丝筒】按键，低速转动丝筒，均匀用力拉紧紧丝轮（切忌用力过大拉断电极丝）。

3）储丝筒端部电极丝剩余 3~5mm 时停止转动，手动转动储丝筒紧丝至极限位置。

4）将电极丝固定在紧固螺钉上，剪掉多余丝头。

4. 储丝筒行程调整

穿丝完毕后，根据储丝筒上电极丝的多少和位置来确定储丝筒的行程。为防止机械性断丝，在行程挡块确定的长度之外，储丝筒两端还应有一定的储丝量。具体调整方法如下：

1）低速转动储丝筒，当丝筒上电极丝剩下 8mm 左右时停止转动，松开紧固螺钉，调整挡块接近感应开关的中心位置并固定，如图 2-12 所示。

2）用同样方法调整另一端，两行程挡块之间的距离即储丝筒的行程，如图 2-13 所示。

5. 电极丝在安装过程中的注意事项

1）保持一定的张力。装丝过程中要用手扶住钼丝轮保持一定的张力，如果没有张力容易造成储丝筒乱丝和丝滑出导轮的现象。

2）丝入导轮。装好的钼丝应该镶入导轮，避免钼丝与机架发生摩擦磨损对机架造成损伤和降低钼丝的使用寿命。

图 2-12　调整储丝筒右端行程

图 2-13　调整储丝筒左端行程

3）要有足够的丝长。线切割加工中储丝筒做往复运动，储丝筒装丝宽度应至少大于储丝筒宽度的 1/2，略小于储丝筒宽度。

4）保持丝与工作台垂直。电极丝缠绕并张紧后，应找正和调整电极丝对工作台的垂直度。在生产实践当中，大多采用简易工具，如直角尺、圆柱尺或规则的六面体，以工作面（或放置其上的夹具工作台）为检验基准，目测电极丝与工具表面的间隙上下是否一致，调整至间隙上下一致为止。

5）丝装好后要重新张紧。一般电火花线切割机床都有钼丝张紧装置，对丝架没有张紧装置的线切割机床，加工之前要用手轮对丝拉紧。

任务四　电极丝垂直度的找正

【任务引入】

现场调整、找正电极丝。对于有垂直度要求的零件，线切割加工前应找正电极丝，如何保证电极丝的垂直度？目视法和电火花法有什么区别？

【任务内容】

一、使用垂直度找正器找正

使用垂直度找正器来确定线电极的坐标位置，如图 2-14 和图 2-15 所示，适用于对加工精度要求较低的场合，使用方便且直观。

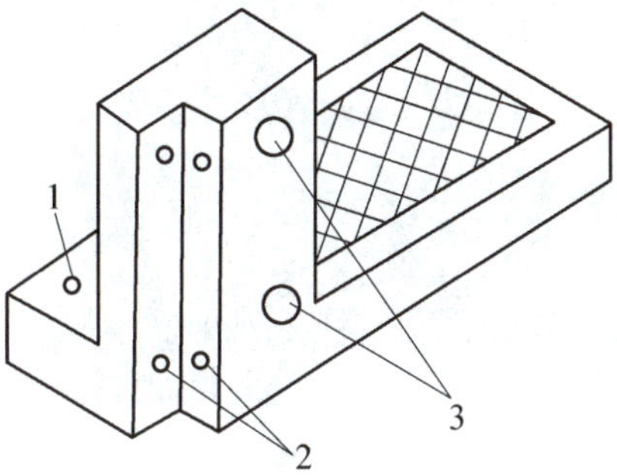

图 2-14　垂直度找正器

1—导线　2—触点　3—指示灯

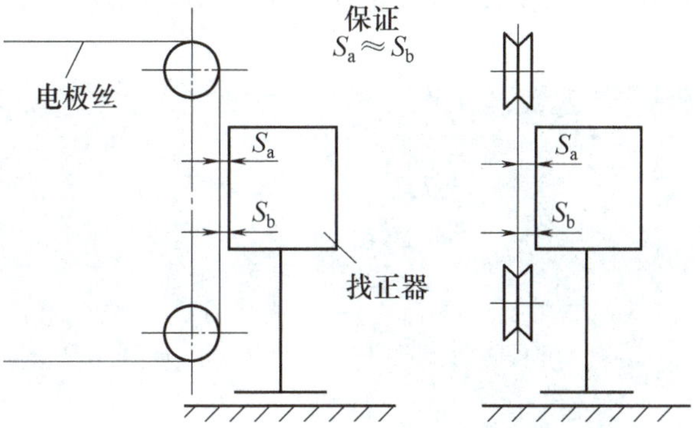

a) 电极丝径向位置　　b) 电极丝轴向位置

图 2-15　找正器找正

二、使用找正块与电极丝进行火花放电找正

利用电极丝与找正块在一定间隙时发生火花放电来确定线电极的坐标位置，如图 2-16 所示。

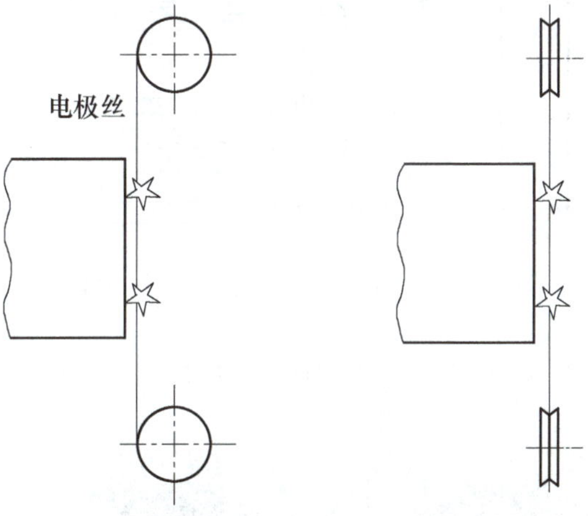

图 2-16　放电找正

擦净工作台面和找正块各表面，选择找正块上垂直于底面的相邻侧面作为基准面，选定位置放好找正块；开启高频、运转储丝筒（注意：电压幅值、脉冲宽度和峰值电流均要调到最小，且不要开工作液），移动工作台使找正块的基准面靠近电极丝，目测电极丝和找正块侧面可接触长度上放电火花的均匀程度，如出现上端或下端中只有一端有火花，说明该端离找正块侧面距离近，而另一端离找

正块侧面远，电极丝不平行于该侧面，需要用垂直度找正块进行找正，如图 2-17a、b 所示；若找正块上下面均匀出现电火花，则电极丝垂直，如图 2-17c 所示。

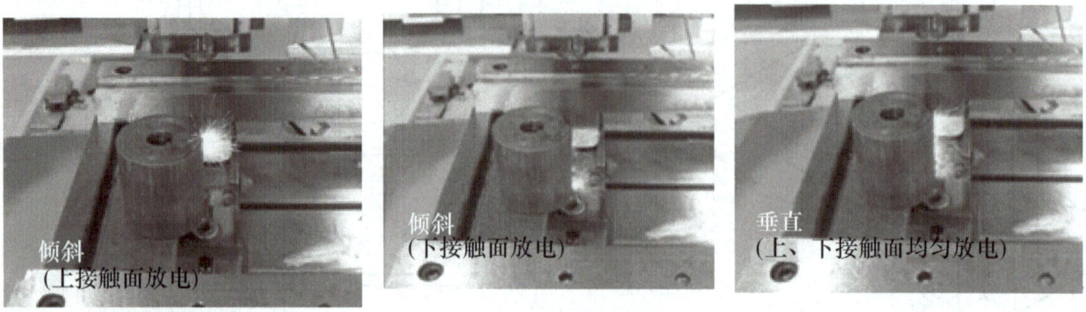

a) 倾斜　　b) 倾斜　　c) 垂直

图 2-17　电极丝垂直度的找正

【技能训练】

1. 写出图 2-18 所示电火花线切割机床示意图中各零件的名称。

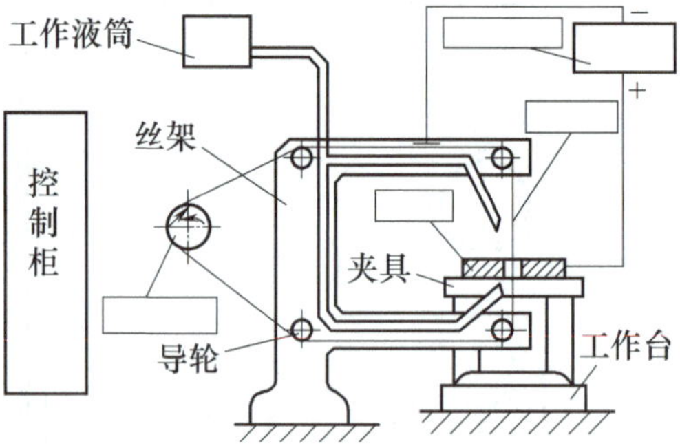

图 2-18　电火花线切割机床示意图

2. 图 2-19 中的哪些零件可以完全用线切割加工完成。

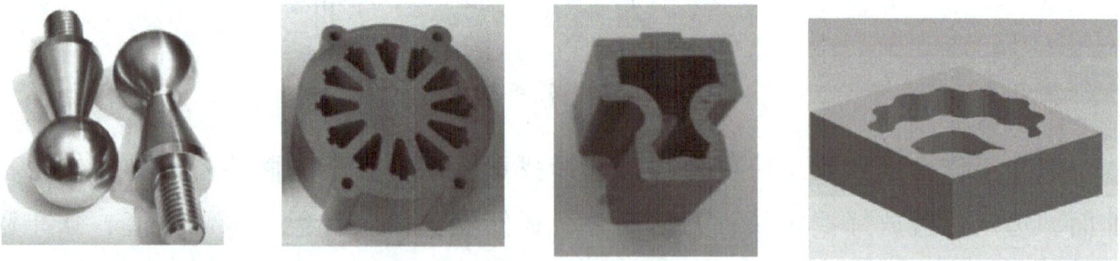

a)　　b)　　c)　　d)

图 2-19　特种加工零件

3. 指出车间中电火花线切割机床各个组成部分的名称及作用。

4. 在加工某一模具的凸模时，零件表面粗糙度值大、加工精度低，如何进行工艺参数的调整？

5. 对于较厚的工件，在选择工艺参数时，如何选择和调整加工电流？

6. 加工表面粗糙度值比较小的工件时，如何选择和调整脉冲宽度？

7. 对于厚度大的工件，切割加工排屑时间长，如何调整脉冲间隔？

8. 举例说出几种常用的电极丝及应用特点。

9. 如何正确操作安装电极丝？

10. 如何对电极丝的垂直度进行找正？

项目三　电火花线切割加工

知识目标	1. 掌握工件切割线路的选择原则以及装夹找正的方法。 2. 熟悉常用的手工编程指令，掌握计算机编程方法。 3. 掌握数控电火花线切割机床的操作步骤。 4. 掌握外形零件的编程和加工，会分析模具线切割加工中穿丝孔的形式。
技能目标	1. 能根据零件的特征正确选择切割线路及起始点，进行工件的装夹和找正。 2. 能合理地利用编程指令进行程序编辑和修改。 3. 能正确使用各种工、量具，加工符合精度要求的外形零件。 4. 学会如何自动定位找到孔的中心，能加工多孔零件。
素养目标	1. 具有自主钻研、善于总结、勇于创新的精神。 2. 具有观察能力、学习能力和协调能力。

根据加工工件的形状、大小选用合适的线切割加工装夹方式，确定工件的夹持位置。对于切割凹模或者带孔的工件，必须在线切割之前加工穿丝孔，穿丝孔的直径要合适。无论是切割外形还是内孔，合理地制订加工工艺路线是保证工件加工质量的重要环节。

任务一　穿丝线路的选择及工件的安装

【任务引入】

确定图 3-1a 所示凸模外形和图 3-1b 所示凹模内孔的切割线路并进行工件的安装和找正。在进行线切割加工时两种工件有何区别？

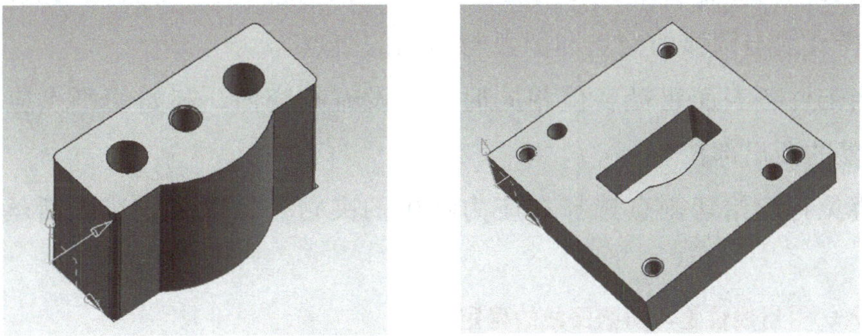

a) 凸模外形　　b) 凹模内孔

图 3-1　凸模外形和凹模内孔

【任务内容】

电火花线切割加工一般是零件加工的最后一道工序。线切割加工的工艺过程与通用机械加工工艺有很大差别，因此电火花线切割加工编程与其他数控机床相比，有着自己的特点。编程前应细致分析零件的加工要求和特点，充分考虑零件的线切割加工工艺，做好编程前的工艺处理。线切割加工工艺如图 3-2 所示。

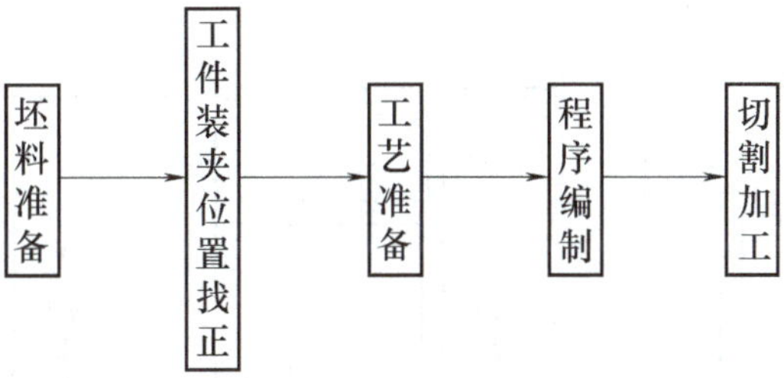

图 3-2　线切割加工工艺

一、切割路线的确定

线切割加工工艺中，切割起始点和切割路线的安排合理与否，将影响工件变形的大小，从而影响加工精度。

1. 起始切割点（引入线终点）的确定

由于电火花线切割加工的零件大部分是封闭的图形，所以起切点也是完成切割的终点。在加工中，电极丝返回到起切点时很容易造成加工痕迹，使工件精度受到影响，所以为了避免这一影响，起始切割点的选择原则如下：

1）当切割工件各表面粗糙度值要求不一致时，应在较粗糙的面上选择起割点。

2）当切割工件各表面粗糙度值要求相同时，首选图样上直线与直线的交点，其次是选择直线与圆弧的交点和圆弧与圆弧的交点。

3）当工件各表面粗糙度值相同时，又没有相交面，起始切割点应选择在钳工容易修复的凸出部位。

4）避免将起始切割点选择在应力集中的夹角处，以防止造成断丝、短路等故障。

2. 引入、引出线位置与切割路线的确定

切割路线主要以防止或减少工件变形为原则，一般应考虑使靠近装夹一侧的图形最后切割为宜。由外向内顺序的切割线路通常在加工凸模零件时采用。其中，图 3-3a 所示的切割路线是错误的，因为当切割完第一边继续加工时，由于原来主要连接的部位被割离，余下材料与夹持部分的连接较少，工件的刚度大为降低，容易产生变形而影响加工精度。图 3-3b 所示切割路线加工可减少由于材料割离后残余应力重新分布而引起的变形。所以，一般情况下，最好将工件与其夹持部分分割的线段安排在切割线路的末端。对于精度要求较高的零件，最好采用图 3-3c 所示的方案，电极丝不由坯件外部切入，而是将切割起始点取在坯件预制的穿丝孔中，这种方案可使工件的变形最小。

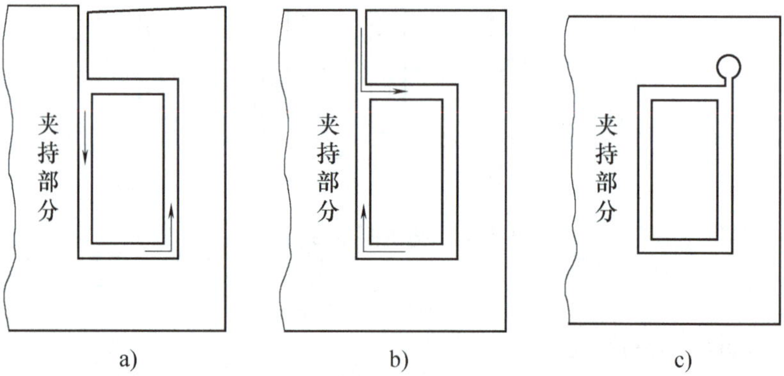

图 3-3　切割起始点与切割路线的安排

二、穿丝孔的确定

1. 切割凸模类零件

为避免将坯件外形切断引起变形（工件内应力失去平衡造成）而影响加工精度或因变形而发生的夹丝现象，通常在坯件内部外形附近预制穿丝孔。

2. 切割凹模、孔类零件

此时可将穿丝孔位置选在待切割型腔（孔）内部。当穿丝孔位置选在待切割型腔（孔）的边角处时，切割过程中无用的轨迹最短；而穿丝孔位置选在已知坐标尺寸的交点处则有利于尺寸推算；切割孔类零件时，若将穿丝孔位置选在型孔中心可使编程操作容易。因此，要根据具体情况来选择穿丝孔的位置。

3. 穿丝孔大小要适宜

一般不宜太小，如果穿丝孔径太小，不但钻孔难度增加，而且也不便于穿丝。但是，若穿丝孔径太大，则会增加钳工工艺上的难度。一般情况下穿丝孔常用直径为 3～10mm。

4. 穿丝孔应有较高的加工精度和较小的表面粗糙度值要求

线切割加工时一般根据穿丝孔确定电极丝的起始位置，从而确定加工轮廓与其基准的正确位置关系。穿丝孔的加工精度主要包括孔的圆度要求和孔对加工轮廓基准面的位置尺寸精度要求。

三、工件的装夹及找正

1. 工件的装夹

工件装夹直接影响零件加工质量及加工范围。数控电火花线切割机床的夹具比较简单，一般在通用夹具上采用压板螺钉固定工件，如图 3-4 所示。为了适应各种形状的工件加工，机床还可以使用磁性夹具、旋转夹具和专用夹具。由于线切割加工时不产生切削力，所以一般不需要很大的夹紧力。工件装夹的基本要求如下：

图 3-4　加工凹模

1）工件的定位基准面应清洁无毛刺，符合图样要求。对经淬火的工件在穿丝孔或凹模类工件扩孔的台阶处，要清除淬火时的渣物及淬火时产生的氧化膜表面，否则会影响其与电极丝间的正常放电，甚至卡断电极丝。

2）夹具精度要高，装夹前先将夹具位置找正并与工作台面固定好，均匀用力拧紧螺钉。

3）保证装夹位置在加工中能满足加工行程要求，工作台移动时不得和丝架臂相碰，否则无法进行加工。

4）夹具对工件的作用力应均匀，不得使工件变形或翘起，以免影响加工精度。

5）成批零件加工时，最好采用专用夹具，以提高工作效率。

6）细小、精密、壁薄的工件应先固定在不易变形的辅助小夹具上才能进行装夹，否则无法加工。

2. 装夹方式的选择

（1）悬臂支承方式　如图 3-5 所示，悬臂支承方式通用性强，装夹方便，但由于工件单端压紧易出现上仰或倾斜的情况，影响切割表面与工件的上下平面的垂直度。一般应通过找正使工件与机床工作台面相平行。因此，该方式仅适用于零件加工精度要求不高或悬臂部分较少的情况。

（2）两端支承方式　如图 3-6 所示，工件两端固定在夹具上，其装夹方便，支承稳定，平面定位精度高，但不利于小工件的装夹。

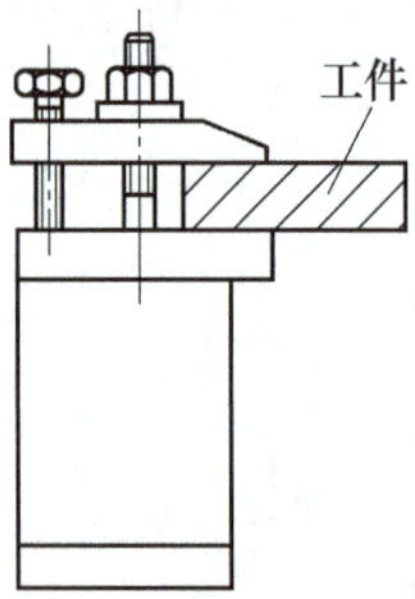

图 3-5　悬臂支承方式

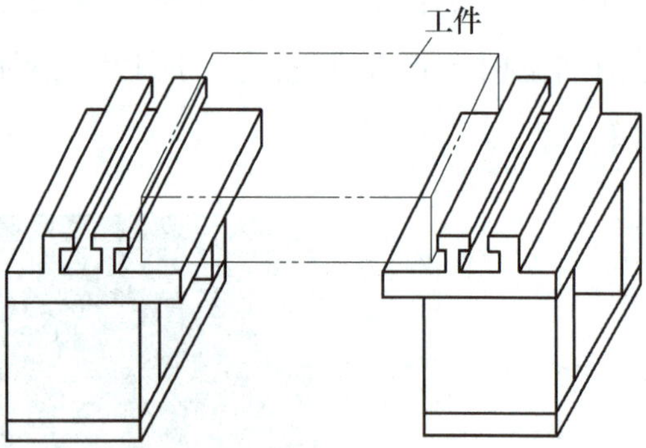

图 3-6　两端支承方式

（3）桥式支承方式　采用两支承垫铁架在双端支承夹具上，如图 3-7 所示。其特点是通用性强，装夹方便，对大、中、小工件都可以方便地装夹。

（4）板式支承方式　板式支承夹具是根据经常加工工件的尺寸而制造的，呈矩形或圆形孔，并增加 X、Y 方向的定位基准，如图 3-8 所示。其装夹精度易于保证，适宜批量生产中使用。

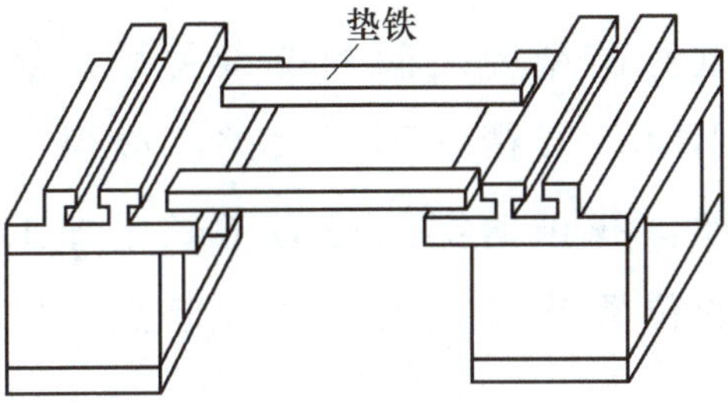

图 3-7　桥式支承方式

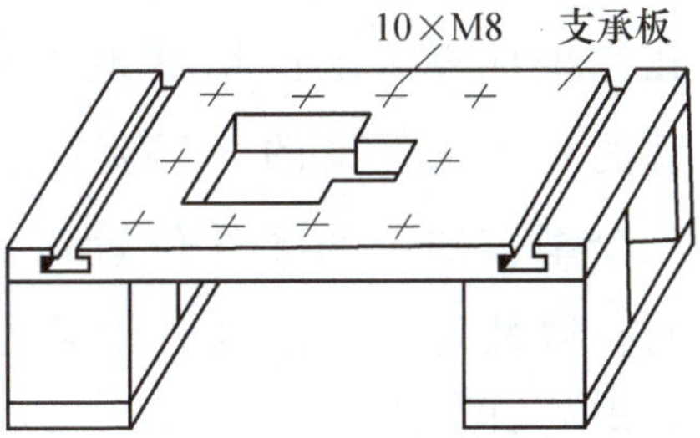

图 3-8　板式支承方式

（5）复式支承方式　复式支承夹具是在桥式夹具上再固定专用夹具。这种夹具可以很方便地实现工件的成批加工。该方式能快速地装夹工件，因而可以节省装夹工件过程中的辅助时间，特别是节省工件找正及确定电极丝相对工件加工基准的坐标位置所花费的时间。这样既提高了效率，又保证了工件加工的一致性。

（6）弱磁力夹具　弱磁力夹具装夹工件迅速简便，通用性强，应用范围广，对于批量加工尤其有效。

正确的装夹方式可充分发挥机床的效能，对编程、提高加工的稳定性都有一定的影响。

3. 工件的找正

工件装夹完毕，需要检验工件的正确位置关系，常用百分表找正、划线找正和放电目测找正的方法，如图 3-9 所示。

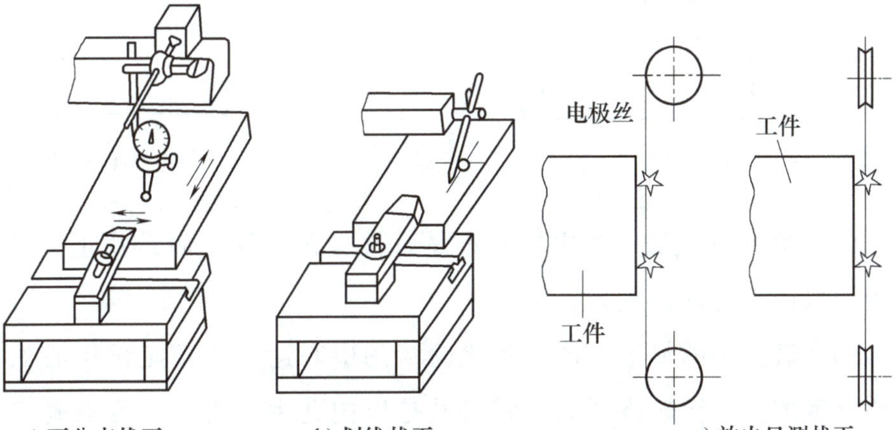

a) 百分表找正　b) 划线找正　c) 放电目测找正

图 3-9　工件的找正方法

4. 电极丝和工件位置关系的找正

工件找正的目的是保证切割型腔与工件外形或型腔与型腔之间有一个正确的位置关系。与外形的位置关系可通过找外形或找工艺孔的中心来确定，工艺孔在坐标镗床上已精确地加工出来。型腔与型腔之间的位置关系是靠定位移动的步距来保证的，但要注意穿丝孔小时位置精度不能太差，以保证移至下一个型腔加工的穿丝位置时能顺利穿丝。找正的实质是为了确定加工起点，而一般情况下型腔与外形或型腔之间的位置参考点就是加工起点，常选在对称中心处。

（1）找边的方法　如图 3-10 所示，在距工件左端距离为 a，距工件上端为 b 处加工一型腔。找正方法如下：首先用接触感知的方法感知左边，将 X 坐标清零，注意此时的电极丝中心与边有一个丝半径的距离 r，移位时应注意加上此距离。用同样的办法感知上边，Y 坐标清零，然后采用定位移动程序“G00 X(a+r) Y(b+r)”，即可确定型腔的位置。

（2）找中心的方法　如图 3-11 所示，要在工件的中心加工图示这样一个型腔，编程时假定加工起点确定在图示位置，当要求图形位于工件的中间时，加工起点距工件中心就有一个偏移量 a，按这个偏移量精确地加工出穿丝孔，加工前用自动找中心功能找出这个孔的中心，就能保证加工出的型腔位于工件的中间。

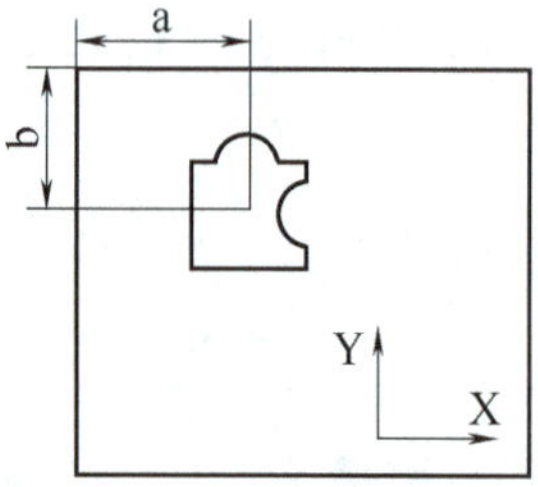

图 3-10　找边

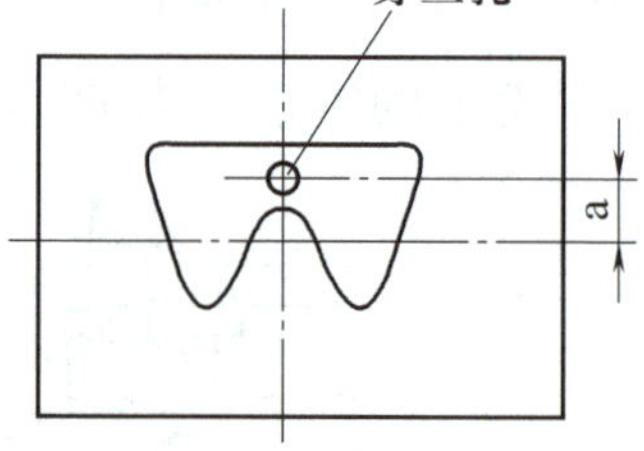

图 3-11　找中心

（3）间接找正法　即电极丝不是直接找正工件，而是找正夹具、胎具的位置间接地保证工件的位置。

如弹簧夹头的加工，通过找检验棒的中心达到找正工件中心的目的；又如链轮的分度加工，链轮齿形的编程尺寸是以内孔中心为坐标原点确定的，因此加工起点的位置也是相对于孔中心而定的，找正时先找平行胎具侧面，然后用找边的方法，通过设定坐标值的方法来定出胎具中心。

任务二　电火花线切割编程

【任务引入】

分别采用手工编程和自动编程编制图 3-12 所示图形的线切割程序，并分别进行线切割加工。

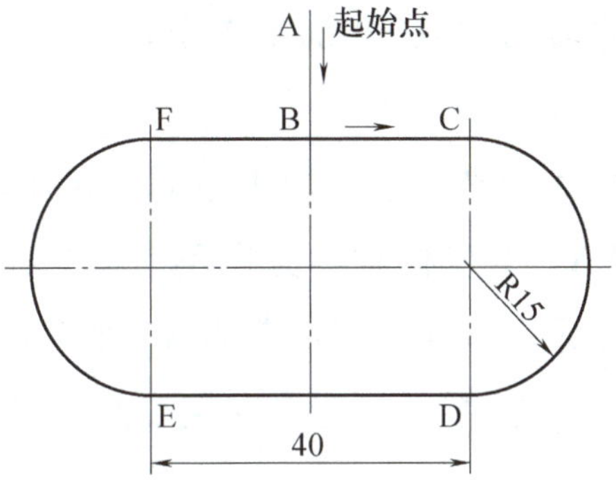

图 3-12　线切割加工图形

【任务内容】

电火花线切割编程分为手工编程和自动编程。手工编程是线切割操作者必需的基本能力。自动编程是采用计算机软件自动编程。

手工编程有国际标准 ISO 代码格式，3B、4B、RB 代码格式等，我国以前统一采用五指令 3B 格式，即 BX BY BJ GZ。其中，4B 格式与 3B 格式比较，4B 格式在圆弧程序（或引导线程序）中增加了圆弧半径 R（或锥度切割比例）及补偿标志 D 或 DD，从而增加了间隙补偿功能及锥度补偿功能，其余程序编制及计算方面与 3B 格式是基本相同的。

一、3B 指令编程

3B 指令用于不具间隙补偿功能和锥度补偿功能的数控线切割机床的程序编制。程序描述的是钼丝中心的运动轨迹，它与钼丝切割轨迹（即所得工件的轮廓线）之间差一个偏移量 f，这一点在轨迹计算时必须特别注意。程序编制的基本规则如下：

1. 程序段格式

程序编制必须符合一定的格式，3B 指令是一种使用分隔符的程序段格式，见表 3-1。

表 3-1　3B 指令程序段格式

B	X	B	Y	B	J	G	Z
分隔符	X 方向坐标值	分隔符	Y 方向坐标值	分隔符	计数长度	计数方向	加工指令

表 3-1 中 B 为分隔符号，用来分隔 X、Y、J 三个数码。每个程序段使用三次分隔符 B，故称为 3B 程序段格式或 3B 加工指令。

2. 坐标系

坐标系采用 XOY 平面直角坐标系。加工不同的基本轨迹（直线或圆弧）时，应取不同的坐标原点，但 X、Y 坐标轴的方向不变，只是坐标平移。如图 3-13 所示，加工斜线 ab 时，坐标原点取在斜线的起点 a；加工圆弧 bc 时，坐标原点取在圆心 O_1；加工直线 cd 时，坐标原点又应取在直线的起点 c。

3. 坐标值

数码 X、Y 分别表示 X、Y 方向的坐标值，不带正负号，取绝对值。加工圆弧时，X、Y 为圆弧起点的坐标值；加工斜线时，X、Y 为斜线终点的坐标值。

4. 计数与计数方向

选取 X 拖板方向进给总长度进行计数的称为计 X，用 GX 表示；选取 Y 拖板方向进给总长度来进行计数的称为计 Y，用 GY 表示。为了保证加工精度，必须正确选择计数方向，如图 3-14a 所示，当被加工的斜线在阴影区域内，计数方向取 GY，否则取 GX；如图 3-14b 所示，当圆弧的加工终点落在阴影部分，计数方向取 GX，否则取 GY。

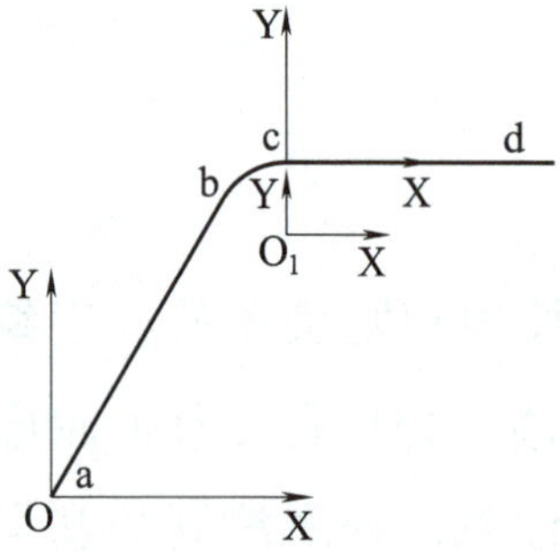

图 3-13　切割时的坐标系

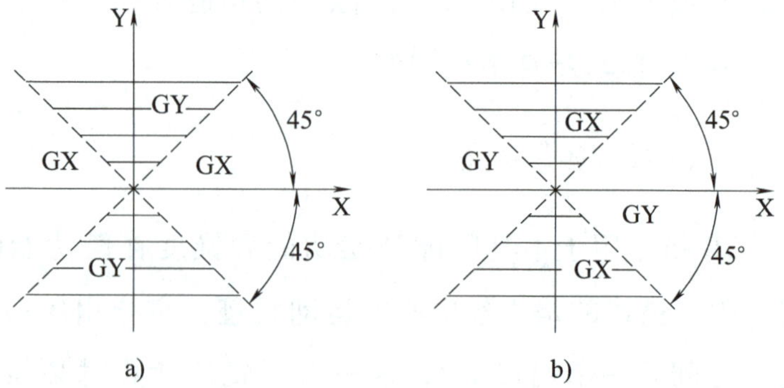

图 3-14　计数方向的选择

5. 计数长度

数码 J 表示某一个加工轨迹从起点到终点在计数方向拖板移动的总距离，称为计数长度。换句话说，计数长度就是被加工圆弧（或直线）在计数方向上投影长度总和。圆弧计数长度的计算如图 3-15 所示。

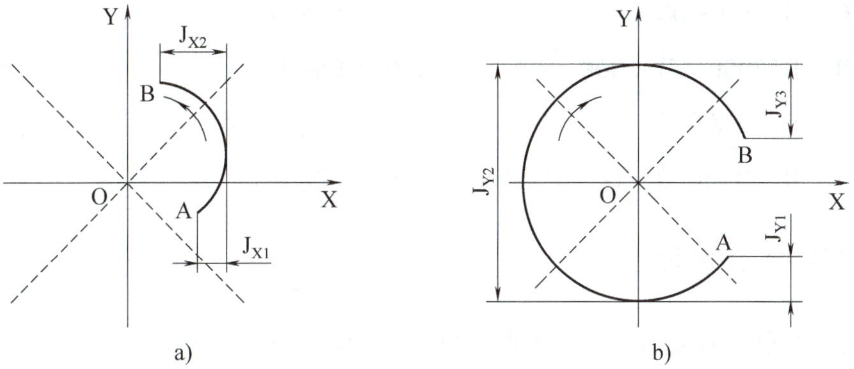

图 3-15　圆弧计数长度计算

1）X、Y、J 数值均以 μm 为单位。程序编制的计算误差应小于 1μm。

2）加工指令 Z 共有 16 种，如图 3-16 所示为被加工圆弧（或直线）的性质。

当被加工的斜线在Ⅰ、Ⅱ、Ⅲ、Ⅳ象限时，分别用 L1、L2、L3、L4 表示，如图 3-16a 所示。对于平行坐标轴方向的直线段，为了区别于一般的斜线，把它称为直线，根据进给方向，直线加工指令的选择按图 3-16d 中的规定，且此时程序中应取 X=Y=0。

当被加工的圆弧在Ⅰ、Ⅱ、Ⅲ、Ⅳ象限，加工按顺时针方向运动时，分别用 SR1、SR2、SR3、SR4 表示，如图 3-16b 所示；当被加工的圆弧在Ⅰ、Ⅱ、Ⅲ、Ⅳ象限，加工按逆时针方向运动时，分别用 NR1、NR2、NR3、NR4，如图 3-16c 所示。

圆弧可能跨越几个象限，此时加工指令应由起点所在的象限和圆弧走向来决定。例如加工图 3-15a 中圆弧 AB 时，加工指令为 NR4；加工图 3-15b 中的圆弧 AB 时，加工指令为 SR4。

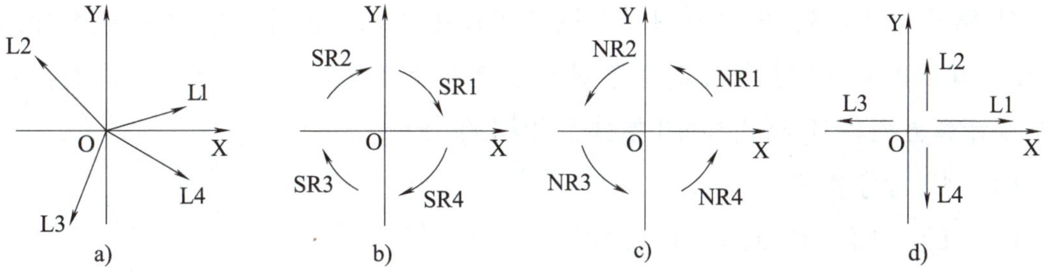

图 3-16　加工指令

例如，用3B代码编制图3-12所示图形的线切割程序如下：

N1：B　B　B15000　GY　L4//　　直线AB

N2：B　B　B20000　GX　L1//　　直线BC

N3：B　B15000　B30000　GX　SR1//　圆弧CD

N4：B　B　B40000　GX　L3//　　直线DE

N5：B　B15000　B30000　GX　SR3//　圆弧EF

N6：B　B　B20000　GX　L1//　　直线FB

N7：B　B　B15000　GY　L2//　　直线BA

二、4B指令编程

3B格式程序一般加工无偏移的工件，如单件加工、小批零件加工等；4B格式程序具有间隙补偿和锥度补偿功能，主要用于加工有偏移的工件，如加工有配合的模具、锥度零件等。

1. 间隙补偿

所谓间隙补偿，指的是钼丝在切割工件时，钼丝中心运动轨迹能根据要求自动偏离编程轨迹一段距离（即补偿量）。当补偿量设定为偏移量f时，编程轨迹即为工件的轮廓线。显然，按工件的轮廓编程要比按钼丝中心运动轨迹编程方便得多，轨迹计算也比较简单。而且，当钼丝磨损，直径变小；当单边放电间隙δ随切割条件的变化而变化后，也无须改变程序，只须改变补偿量即可。

2. 锥度补偿

锥度补偿是指系统能根据要求，同时控制X、Y、U、V四轴的运动（X、Y方向的运动为机床工作台的运动，即工件的运动，U、V方向的运动为上线架导轮的运动，它分别平行于X、Y轴），使钼丝偏离垂直方向一个角度（即锥度），切割出上大下小或上小下大的工件来。

3. 程序编制的基本规则

4B格式与3B格式的区别只是在圆弧程序中增加了圆弧半径R及补偿标志D或DD，其目的是在切割加工时用于对电极丝半径及放电间隙进行补偿，而在程序编制及计算方面，3B格式与4B格式是相同的。

（1）4B程序格式

BX　BY　BJ　BR或L　D或DD　G　Z

其中，BX、BY、BJ、G、Z的含义与3B程序格式一致；R代表圆弧半径；L代表切割引导线时锥度的比例；D/DD 为圆弧补偿标志，在一个完整的封闭图形中，凸圆的圆弧标志为 D，凹圆的圆弧标志为 DD。

（2）4B 格式程序中 R、D/DD、L 的使用规则

1）R 与 D/DD 的配合使用规则。当确定图形的坐标轴后，按凹模的切割路线为准编程，半径 R 呈增长趋势的用“DD”，半径 R 呈减少趋势的用“D”。也就是说凹圆用“DD”；凸圆用“D”。凹模的实际尺寸如图 3-17 所示。其中双点画线为凹模的切割轨迹，在凹模的切割路线编程中，R1 凸圆的半径呈减少趋势，用“D”；R2 凹圆的半径呈增长的趋势，用“DD”。编程中用的均为实际尺寸，所以在圆弧加工编程中应分清路径是增长趋势还是减少趋势；对于直线加工则不存在增长和减少趋势。

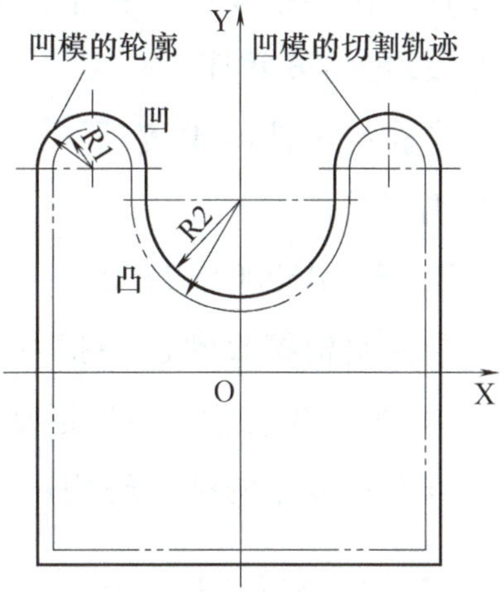

图 3-17　凹模的实际尺寸

2）锥度切割引导线中 D/DD 的使用规则如下：

① 上大下小为正锥。

② 锥度偏移 A 为正值时切割正锥。

③ 锥度偏移 A 为负值时切割负锥。

④ 引导线与零件程序的第一条线段互相垂直。

⑤ 4B 程序中当切割正锥工件时，外引导线用“DD”，内引导线用“D”。

当确定零件的锥度后，编制引导线的 4B 程序，如图 3-18a 所示，其外引导线 4B 程序为：

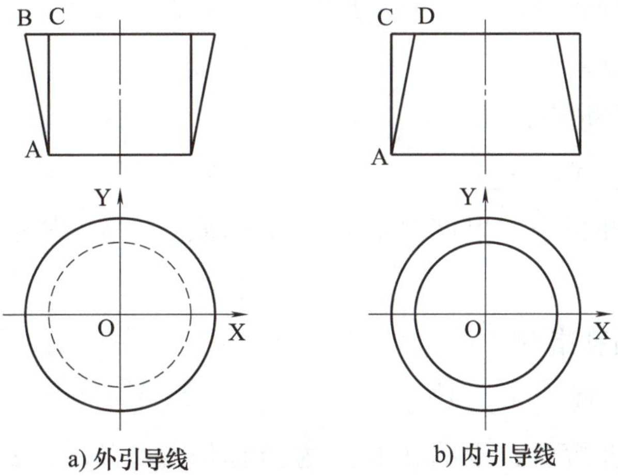

图 3-18　内、外引导线编程

B　B　B5000　B5000　GX　DD　L1

当控制柜接收到这一指令后，选择锥度偏移 A 值为正，机床进入运行状态后，U、V 轴坐标由 C→B 运动，钼丝由 AC→AB 运动，从而实现钼丝的偏移量。

3）第 4 个 B 数据根据比例关系确定数值。一般的情况是 J 数据就是第 4 个 B 的数据。在等锥度的编程中，直线段只有引导线是 4B 程序，其余均为 3B 程序，圆弧段均为 4B 程序。

当确定零件的锥度后，编制引导线的 4B 程序，如图 3-18b 所示，内引导线 4B 程序为：

B　B　B5000　B5000　GX　DD　L3

当控制柜接收到这一指令后，选择锥度偏移 A 值为负，机床进入运行状态后，U、V 轴坐标由 C→D 运动，钼丝由 AC→AD 运动，实现了钼丝的偏移。

3B/4B 程序的结束码均用“D”表示。

三、ISO 代码编程

在国际标准 ISO 代码中，编写程序用的代码是通用的 G、M 代码，其中主要的有以下几种：

1）G00 快速移动指令。

格式：G00 X __ Y __

说明：快速移动指令，X、Y 表示在 XY 平面中的坐标点。

2）G01 直线插补指令。

格式：G01 X __ Y __ F __

说明：直线插补指令，F 为进给速度；X、Y 表示在 XY 平面中以直线起点为坐标原点的终止坐标。

3）G02 顺圆插补指令。

格式：G02 X __ Y __ I __ J __

说明：顺圆插补指令，以圆弧起点为坐标原点，X、Y 表示终点坐标；I、J 表示原心坐标。

4）G03 逆圆插补指令。

格式：G03 X __ Y __ I __ J __

说明：逆圆插补指令，以圆弧起点为坐标原点，X、Y 表示终点坐标；I、J 表示原心坐标。

5）G27 设定 XY/UV 平面联动方式。

6）G92 以相对坐标方式设定加工坐标起点。

格式：G92 X __ Y __

说明：以相对坐标方式设定加工坐标起点，X、Y 表示在 XY 平面的坐标点。

7）M00 暂停指令。

8）M02 加工结束指令。

四、计算机自动编程

1）用计算机软件绘制图 3-12，转成所需要的图形格式，如 dxf 文件等。

2）转入 AUTOP，生成程序。

3）进行线切割加工。

任务三　五角星的电火花线切割加工

【任务引入】

根据图 3-19 所示图样编制程序，加工出符合图样要求的五角星。

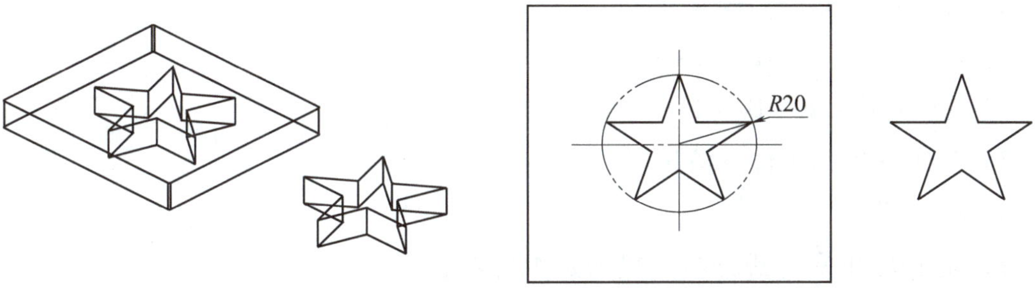

图 3-19　五角星

【任务内容】

电火花线切割机床是加工各种精密且形状复杂的金属模具的专用机床，可加工各种硬度的金属材料，而且材料淬硬后对其切割状态更有利，适宜用它对模具进行最后工序的加工，以减少淬火变形和表面氧化进而影响尺寸精度。本任务主要介绍简单图形的加工，并掌握数控电火花线切割机床的操作步骤。

1. 绘制图形和编制程序

1）用计算机软件绘制图 3-19，转成所需要的图形格式，如 dxf 文件等。

2）转入 AUTOP，生成程序。

3）准备进行线切割加工。

2. 工量具等准备

1）电极丝、工件材料：ϕ0.18mm 钼丝、Q235 钢板（厚度 5mm）。

2）量具：钢直尺（150mm、300mm）。

3）工具：一字槽和十字槽螺钉旋具、垫板、压块、螺栓组、找正器等。

3. 操作步骤

1）线切割加工的基本操作如下：

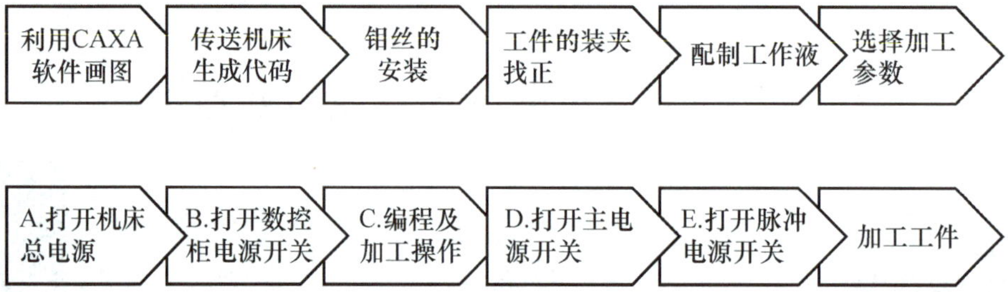

2）主机控制元件的操作如下：

① 开机顺序：A→B→C→D→E。

② 关机顺序：E→D→C→B→A。

3）加工完拆卸工件并清洗。

4. 注意事项

1）电源总开关（断路器）接触是否良好。

2）电源启动按钮（ON）是否能真正启动机床运转及有无漏电现象。

3）微机电源的启动是否有漏电现象，传输线接口是否松动，在接触良好情况下方可开机运行。

4）在自动编程时，注意起切点与工件的相对位置。

5）装夹工件时用手旋紧螺母即可。

6）工件伸出支架部分要大于实际尺寸。

5. 评价标准

五角星评价标准见表 3-2。

表 3-2 五角星评价标准

序号	考核内容	配分	学生自评	老师评价
1	能说出数控电火花线切割机床各部分的名称、结构	10		
2	能按照操作机床的步骤来加工工件	15		
3	掌握线切割加工工件的原理、注意事项	10		
4	能用绘图软件绘制图形	15		
5	能加工出五角星	20		
6	能按时清洁机床，整理工量具	15		
7	能遵守车间的安全操作规程	15		
总得分				

任务四 半圆件的电火花线切割加工

【任务引入】

编制图 3-20 所示图样的线切割程序，并进行手动碰边线切割加工。

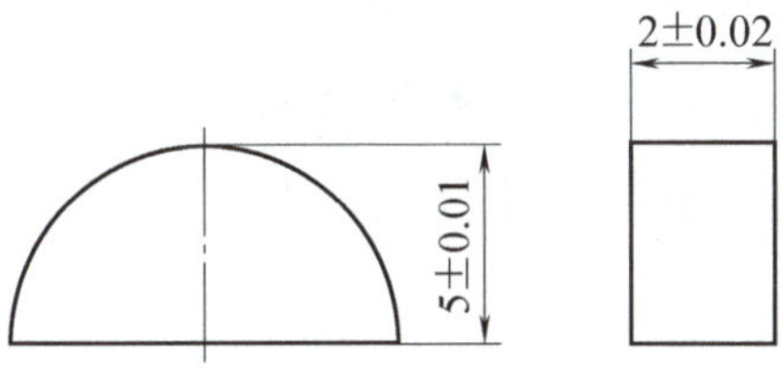

图 3-20 半圆件

【任务内容】

由于电火花线切割加工在特种加工中是比较成熟的工艺之一，在民用、国防生产部门和科学研究中已经获得了广泛应用。电火花线切割机床不是依靠机械能利用刀具来切削工件，而是以电、热能量形式来进行加工的。电火花线切割机床所加工的工件表面粗糙度 *Ra* 值一般在 1.25~2.5μm 范围内，精度可达±0.002mm。因此，本任务主要学习的内容就是通过手动碰边的方法，提高加工工件的精度。

1. 绘制图形和编制程序

1）用计算机软件绘制图 3-20，转成所需要的图形格式，如 dxf 文件等。

2）转入 AUTOP，生成程序。

3）准备进行线切割加工。

2. 工量具等准备

1）工具：一字槽和十字槽螺钉旋具、垫板、压块、螺栓组、找正器等。

2）量具：游标卡尺、杠杆百分表、表面粗糙度样板。

3）电极丝：ϕ0.18mm 钼丝。

4）工件：ϕ16mm 圆柱体。

3. 操作步骤

1）找正钼丝的垂直度。

2）装夹工件后，用杠杆百分表找正工件，如图 3-21 所示。

3）手工编程，程序如下：

B　B B5190 GY L2

B　B B2200 GX L3

B　B B5200 GY L4

DD

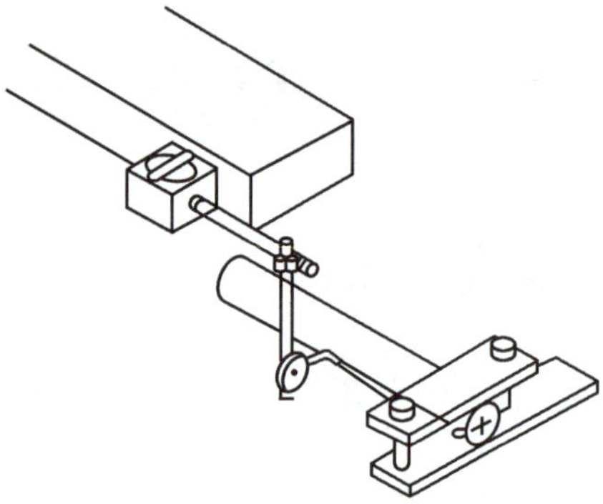

图 3-21　找正工件

4）手动碰边。转动刻度盘，让钼丝移动到工件处，用肉眼看缝隙的变化，反复调试，直到钼丝刚刚碰到工件即可（注：机床有自动碰边的功能，利用<Ctrl>键+方向键可以碰任意的加工面）。

5）操作机床加工工件。

6）加工完拆卸工件，用煤油清洗后用游标卡尺测量。

4. 注意事项

用火花法找正钼丝垂直度时，丝速应调到最慢的一档，电流选择最小值。

杠杆百分表是一种精度比较高的量具，使用时要小心操作，注意保养，及时清洁，避免测量杆上的触头生锈或损坏，影响其测量精度。杠杆百分表如图 3-22 所示。

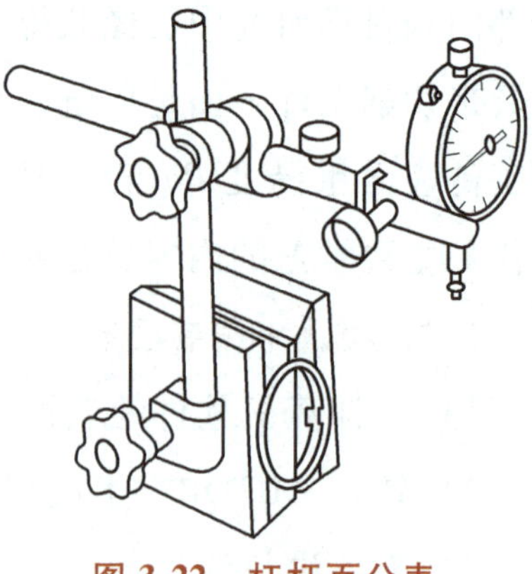

图 3-22　杠杆百分表

检查指针所指的零位有无改变。当指针的零位稳定后，再开始测量或找正工件。如果是找正工件，此时开始改变工件的相对位置，读出指针的偏摆值，就是工件安装的偏差数值。

用杠杆百分表找正或测量工件时，应使测量杆有一定的初始测力。即在测量头与工件表面接触时，测量杆应有 0.3～1mm 的压缩量，使指针转过半圈左右，然后转动表圈，使表盘的零位刻度线对准指针。轻轻地拉动测量杆的圆头，拉起和放松杠杆百分表几次。

5. 评价标准

半圆件评价标准见表 3-3。

表 3-3　半圆件评价标准

序号	考核内容	配分	评分标准	学生自评	老师评价
1	(5±0.01)mm	50	每超差 0.01mm 扣 5 分		
2	(2±0.02)mm	20	每超差 0.01mm 扣 3 分		
3	工件完整	10	酌情扣分		
4	安全文明操作	20	酌情扣分		
总得分					

任务五　多型孔零件电火花线切割加工

【任务引入】

根据图 3-23 和图 3-24 所示图样编制程序，加工出符合图样要求的工件。

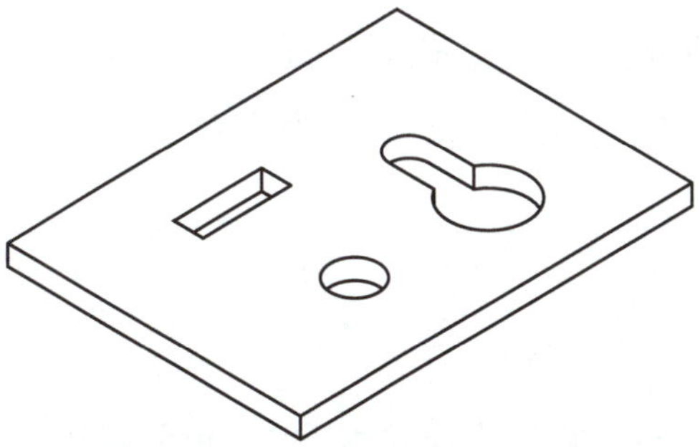

图 3-23　跳步加工的实物图

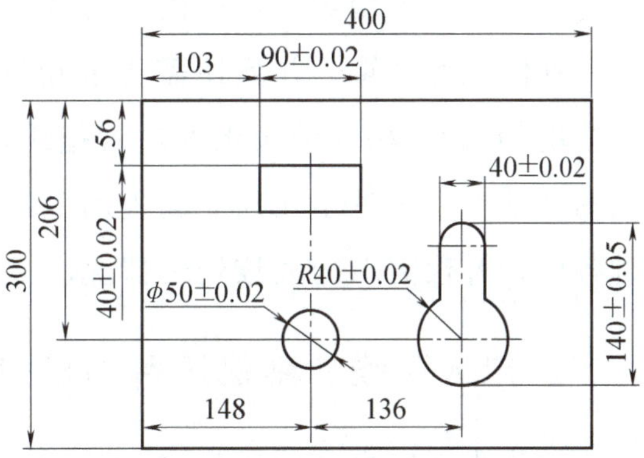

图 3-24　多型孔零件

【任务内容】

模具线切割加工中的“工艺孔（穿丝孔）”是指为了保证最终的加工结果能更好地满足图样要求而在线切割加工的特定工序阶段（加工之前或加工之中）所

加工出的具有一定形状和大小的孔。基于线切割加工的特点及测量方便等方面的考虑，线切割加工中所采用的“工艺孔”通常可以采用圆形等其他多种形状。本任务将对线切割加工中的跳步加工进行学习。

一、多型孔零件切割时的线径补偿

在线切割加工中，由于数控装置所控制的是电极丝的行走轨迹，而实际加工轮廓却是由丝径外圆和被切金属产生电蚀作用而形成的，和数控铣床加工轮廓时需要考虑补偿一样，线切割加工时也必须考虑这一尺寸偏差，这在线切割加工中称之为线径补偿。

其补偿值f通常为

$$f=丝半径+单边放电间隙(+精加工余量)$$

线径补偿的编程控制有编程预补偿和机床补偿两种方法。在这两种方法中，采用机床补偿更具有灵活性。若线径改变后需要变更一个偏移量，只需改变补偿量大小的设定，对整个轮廓轨迹重新补偿的计算工作，则由机床数控装置自动完成，更改过程简单方便。事实上，对于冲模零件的线切割加工，采用机床补偿的方法相当方便。只需要按冲模零件图形尺寸编制一个程序，输入机床控制系统中，以后加工时再根据需要给定补偿量，适当修改一下切入的程序段，即可分别加工出凸凹模及卸料板、固定板等的型孔。

但是，如果采用编程预补偿，每变更一个偏移量值就必须对整个轮廓轨迹重新进行补偿编程计算，并且还需要重新将程序输入数控装置中，因此工作量非常大。在用3B程序格式的快走丝电火花线切割机床上，多型孔零件通常都是在一次装夹的基础上采用各型孔独立编程加工的处理方法。图3-25所示为多型孔零件切割时各位置补偿需求的大致处理情况。

二、电火花线切割机床自动找中心

自动找中心即自动定位找到孔的中心，它与找端面的原理相同，也是利用电极丝与工件间的短路信号进行检测定位的。

找孔中心时，系统将自动先后对X、Y两轴的正、负方向分别进行定位，根据某轴的正、负两方向定位找正的位置值自动计算平均值并定位在其中间的位置处，则X、Y两轴的中间位置就是孔的中心。机床自动找正示意图如图3-26所示。

通常以先选的轴方向开始进行自动找中心（另一轴不再需要人工干涉）。事

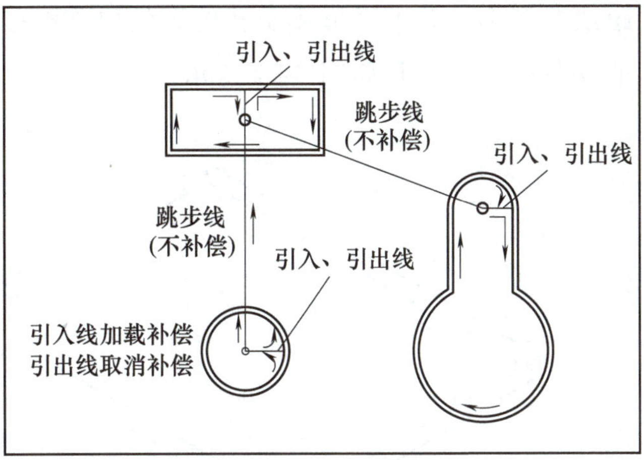

图 3-25　补偿示意图

实上，精确定位找中心只是在对每一孔壁方向进行定位时采用与精找端面一样的反复多次定位的方法，整体上还是采用粗找中心的方法。在加工多型孔零件的时候也需要用到机床的自动找中心功能，以较小的型孔作为基准来加工其他的型孔。

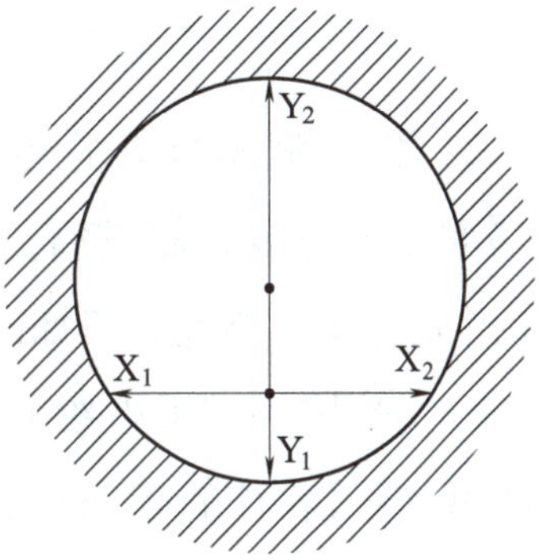

图 3-26　机床自动找正示意图

三、多型孔零件的编程与加工

1. 绘制图形和编制程序

1）用计算机软件绘制图 3-24，转成所需要的图形格式，如 dxf 文件等。

2）转入 AUTOP，生成程序。

3）准备进行线切割加工。

2. 工量具等准备

1）电极丝：ϕ0.18mm 钼丝。

2）工件材料及尺寸：Q235 钢，尺寸为 300mm×400mm×20mm。

3）量具：钢直尺（150mm、300mm）、游标卡尺（0～125mm）、表面粗糙度样板。

4）工具：一字槽和十字槽螺钉旋具、垫板、压块、螺栓组、找正器等。

5）其他机床设备：钻床。

3. 操作步骤

1）在工件上，按照图样的尺寸要求，用钻床在已划好线的位置上分别钻 3 个 ϕ8mm 的孔，并做好记号，并先加工较小的型孔，再加工较大的型孔，以避免最后加工小孔时将孔距误差带到小孔上，形成小孔的穿丝预孔不在小孔有效范围内，从而导致无法加工的现象产生。钻孔如图 3-27 所示。

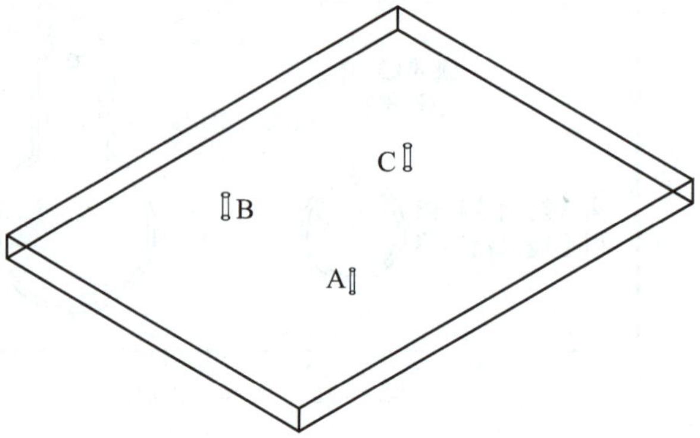

图 3-27　钻孔

2）拆开储丝筒上的钼丝，把钼丝穿在基准孔中再装在储丝筒后，启动机床自动找中心功能。自动找正如图 3-28 所示。

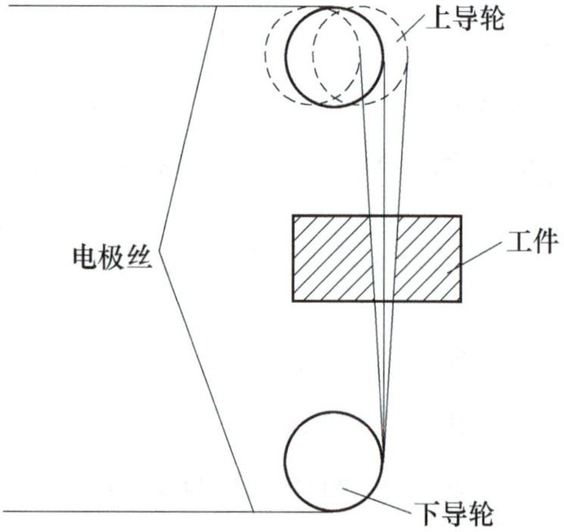

图 3-28　自动找正

3）利用 AUTOP 绘图编程（参阅 AUTOP 绘图软件的相关知识准备）。

4）各孔加工顺序如图 3-29 所示。

先加工 A 基准孔 →加工完暂停拆丝→跳步→穿丝在 B 孔中继续加工→加工完暂停拆丝→跳步→穿丝在 C 孔中继续加工。

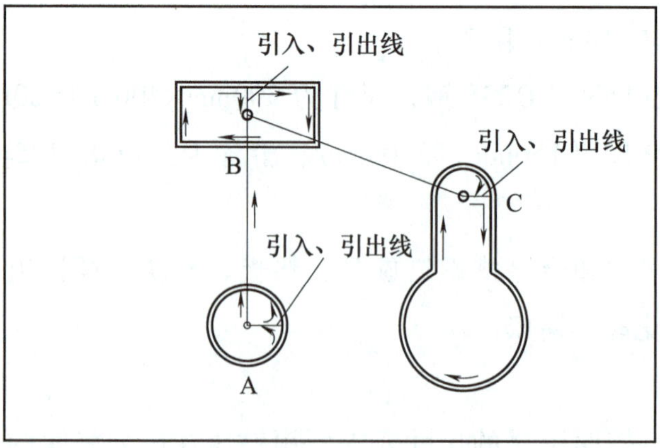

图 3-29　各孔加工顺序示意图

4. 注意事项

1）加工完 A 基准孔后，跳步时请按机床暂停键，若按错其他键（如停止键）时再退回上一个孔进行对中，将影响测量精度。

2）每一次跳步之前都应该暂停拆丝，否则将损坏工件的完整性。

5. 评价标准

多型孔零件评价标准见表 3-4。

表 3-4　多型孔零件评价标准

序号	考核内容	配分	评分标准	学生自评	老师评价
1	(90±0.02)mm	20	每超差 0.01mm 扣 3 分		
2	(40±0.02)mm(2 处)	20	每超差 0.01mm 扣 3 分		
3	(ϕ50±0.02)mm	10	每超差 0.01mm 扣 3 分		
4	(R40±0.02)mm	10	每超差 0.01mm 扣 3 分		
5	(140±0.05)mm	10	每超差 0.01mm 扣 3 分		
6	工件完整	10	酌情扣分		
7	安全文明操作	20	酌情扣分		
总得分					

【技能训练】

1. 电火花线切割加工零件需要经过以下工艺步骤，一般的穿丝孔应该在哪个工艺步骤之前进行加工。

下料→锻造→退火→刨平面→磨平面→划线→铣漏料孔→孔加工→淬火→磨平面→线切割。

2. 如图 3-30 所示，下列切割路线及起点的选择各有何优缺点？

1）A—a—b—c—d—e—f—a—A。

2）A—a—f—e—d—c—b—a—A。

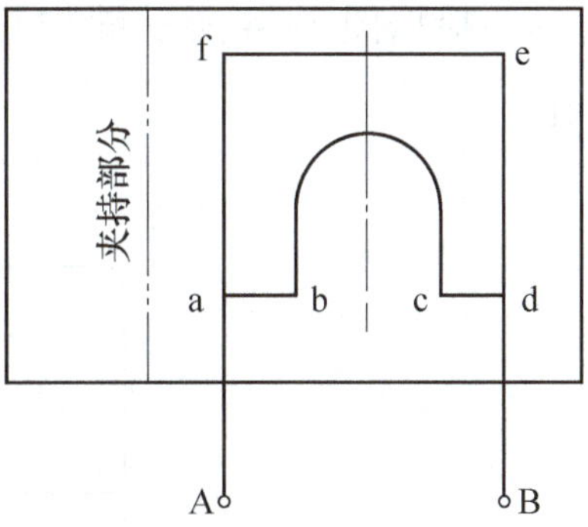

图 3-30　切割路线

3. 现场装夹工件并找正。

4. 编制图 3-31 所示直线 OA 的加工程序。

5. 编制图 3-32 所示圆弧 AB 的加工程序，走向从 A 到 B。

6. 编制图 3-33 所示图形的加工程序。

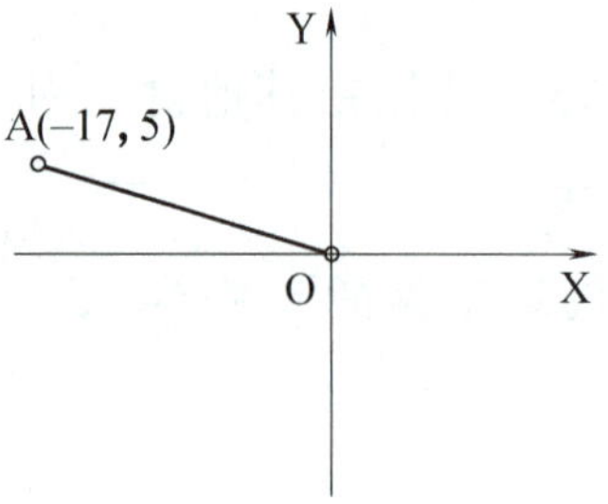

图 3-31　直线编程

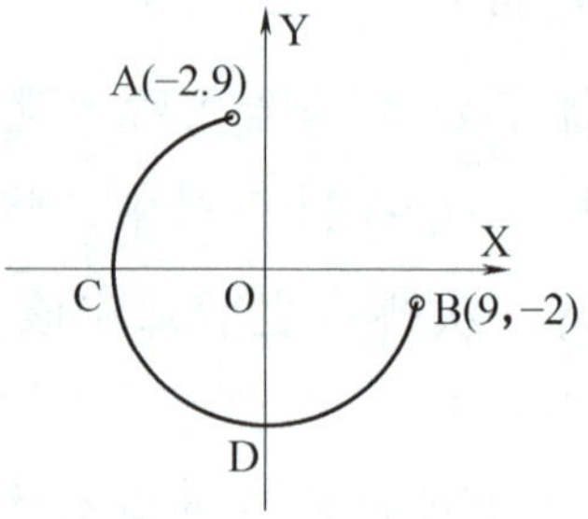

图 3-32　圆弧编程

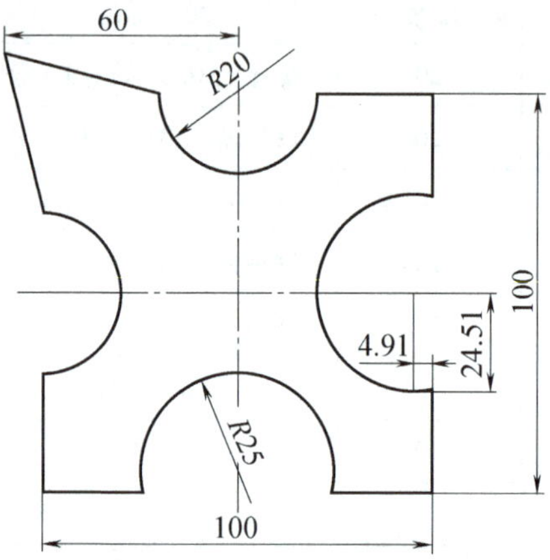

图 3-33　直线和圆弧加工

7. 根据图 3-34 所示图样编制外形加工程序，线切割加工出符合图样要求的外形。

8. 根据图 3-34 所示图样编制内孔加工程序，线切割加工出符合图样要求的内孔。

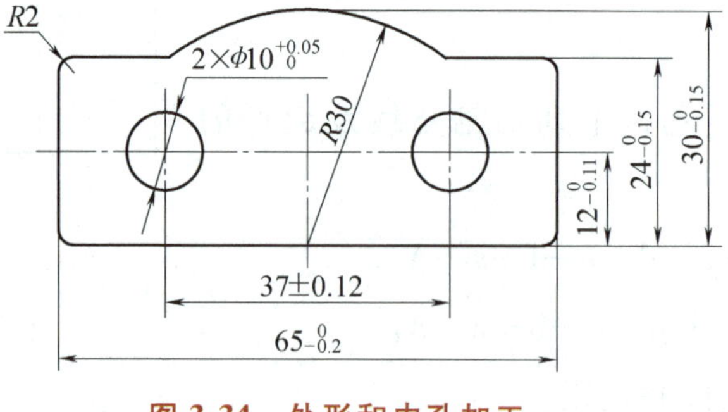

图 3-34　外形和内孔加工

项目四　模具零件的电火花线切割加工

知识目标	1. 了解凸模、凸凹模、凹模的概念，熟悉模具零件的编程及加工过程。 2. 掌握锥度加工的概念、原理及锥度在模具中的应用。 3. 掌握一次成形切割凸模、凹模锥度的计算。 4. 掌握异形、多孔零件绘图、加工参数设定及操作步骤。
技能目标	1. 能熟练完成外形轮廓及内孔（凸凹模）的编程及加工操作。 2. 会设定、调整电极丝的锥度，完成零件切割。 3. 会设定锥度，编程并对凸模、凹模进行一次成形线切割。 4. 会异形零件的切割，学会自动定位找到孔的中心，能加工多孔零件。
素养目标	1. 具有责任意识和工匠精神。 2. 具有计算能力、应变能力和任务实施能力。

电火花线切割加工在冲压模具生产中应用广泛，凸模和凹模是冲压模具的主要工作零件，形状复杂，配合精度要求高，表面粗糙度值要求小，锥度加工也常用于一次成形线切割凸模和凹模。

任务一　落料冲孔复合模具中凹模的电火花线切割加工

【任务引入】

图 4-1 所示为止动件零件图，材料为 Q235 钢，厚度为 2mm。模具中的凸模和凸凹模（图 4-2）相互作用冲裁出两个 ϕ10mm 的小孔。凹模和凸凹模相互作用落料，其外形如图 4-3 所示。考虑磨损时，如何保证止动件的质量？请确定凸模、凸凹模、凹模的刃口尺寸，编制线切割程序，切割加工图 4-4 所示的凹模。

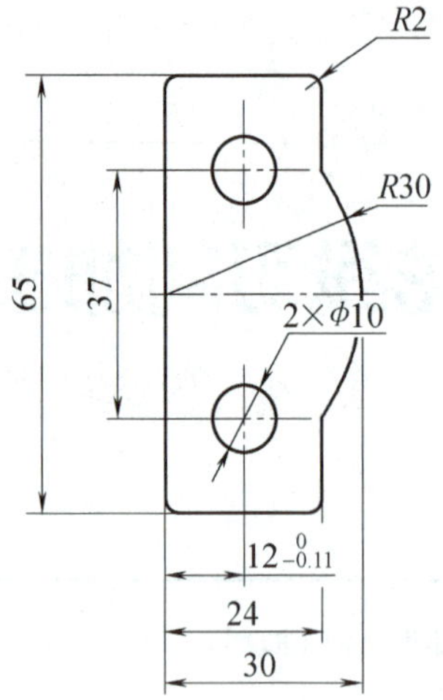

图 4-1　止动件零件图

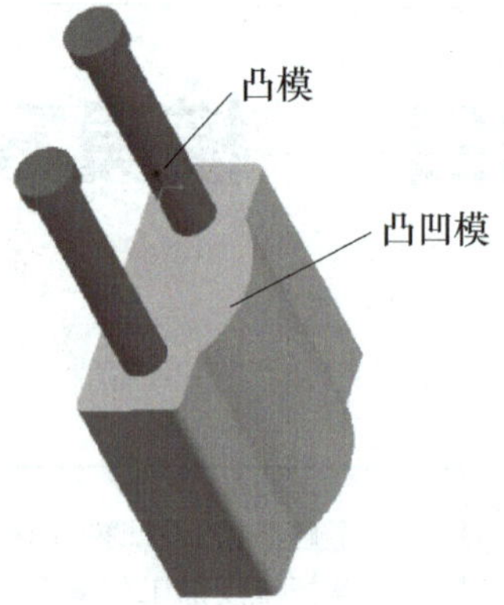

图 4-2　凸模和凸凹模

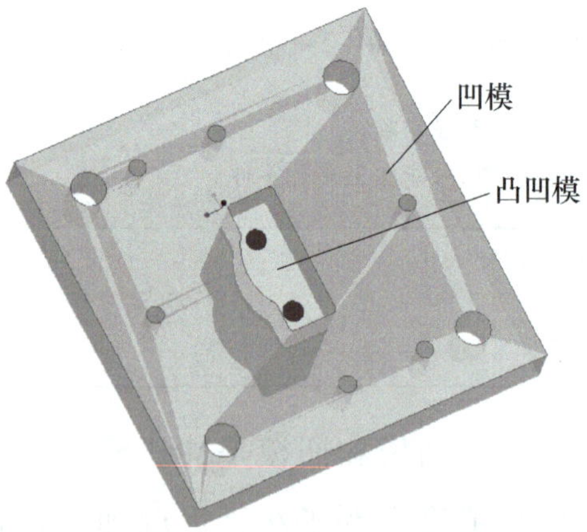

图 4-3　凹模和凸凹模

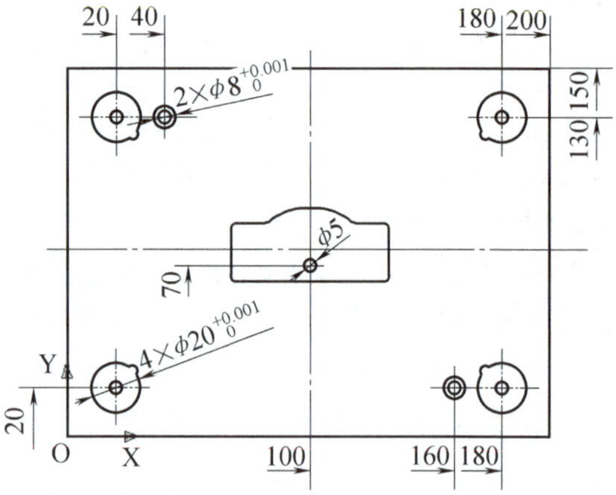

图 4-4　凹模

【任务内容】

一、凹模和凸模的间隙计算

模具中的凹模和凸模是冲压模具的主要工作零件，其形状复杂，配合精度要求高，通常用经验公式和查表法来保证加工凹模和凸模刃口的冲裁间隙。具体见本项目任务四。

零件图中所有未注公差的尺寸，属自由尺寸，可按 IT14 确定，则零件外形尺寸及偏差为 $65_{-0.74}^{0}$mm、$24_{-0.52}^{0}$mm、$30_{-0.52}^{0}$mm、$R30_{-0.52}^{0}$mm、$R2_{-0.25}^{0}$mm，内形尺寸及偏差为 $\phi10_{0}^{+0.36}$mm，孔中心距尺寸及偏差为（37±0.31）mm。此工件外形属

于落料，$\phi 10^{+0.36}_{0}$mm 孔为冲孔，故应分别计算。

1）由经验公式得冲裁双边间隙

$$Z_{min}=2Kt=2\times5\%\times2\text{mm}=0.20\text{mm}$$

2）外形落料凹模刃口尺寸计算，根据磨损情况可分为三类：变大、变小、不变，此例中磨损都变大。

凹模磨损后变大的尺寸有：$65^{0}_{-0.74}$mm、$24^{0}_{-0.52}$mm、$30^{0}_{-0.52}$mm、$R30^{0}_{-0.52}$mm、$R2^{0}_{-0.52}$mm，则

$$A_{65}=(A_{max}-X\Delta)^{+\delta_A}_{0}=(65-0.5\times0.74)^{+\Delta/4}_{0}\text{mm}=64.63^{+0.2}_{0}\text{mm}$$

$$A_{24}=(A_{max}-X\Delta)^{+\delta_A}_{0}=(24-0.5\times0.52)^{+\Delta/4}_{0}\text{mm}=23.74^{+0.1}_{0}\text{mm}$$

$$A_{30}=(A_{max}-X\Delta)^{+\delta_A}_{0}=(30-0.5\times0.52)^{+\Delta/4}_{0}\text{mm}=29.74^{+0.1}_{0}\text{mm}$$

$$A_{R30}=(A_{max}-X\Delta)^{+\delta_A}_{0}=(30-0.5\times0.52)^{+\Delta/4}_{0}\text{mm}=R29.74^{+0.1}_{0}\text{mm}$$

$$A_{R2}=(A_{max}-X\Delta)^{+\delta_A}_{0}=(2-0.5\times0.25)^{+\Delta/4}_{0}\text{mm}=R1.875^{+0.06}_{0}\text{mm}$$

3）冲孔：$\phi 10^{+0.36}_{0}$mm，则

$$T_{10}=(T_{min}+X\Delta)^{0}_{-\delta_T}=(10+0.5\times0.36)^{0}_{-\Delta/4}\text{mm}=10.18^{0}_{-0.09}\text{mm}$$

4）孔心距：（37±0.31）mm，则

$$L_{37}=\left(L_{min}+\frac{1}{2}\Delta\right)\pm\frac{1}{8}\Delta=(37\pm0.08)\text{mm}$$

5）配作凸模的刃口尺寸：

$$T_{65}=A_{65}-Z_{min}=(64.63-0.2)\text{mm}=64.43\text{mm}$$

$$T_{24}=23.54\text{mm}$$

$$T_{30}=29.54\text{mm}$$

$$T_{R30}=R29.54\text{mm}$$

$$T_{R2}=R1.675\text{mm}$$

6）配作凹模的刃口尺寸：

$$A_{10}=T_{10}+Z_{min}=(10.18+0.2)\text{mm}=10.38\text{mm}$$

二、绘制或导入图形和编制程序

1）导入或用计算机软件绘制图 4-4，转成所需要的图形格式，如 dxf 文件等。

2）转入 AUTOP，生成程序。

3）准备进行线切割加工。

三、实训用设备及工量具

电火花线切割机床、Cr12 凹模板（尺寸为 200mm×180mm×30mm）、游标卡尺（0~150mm）、找正器、压板、活扳手、剪刀、螺钉旋具等。实训用工量具如图 4-5 所示。

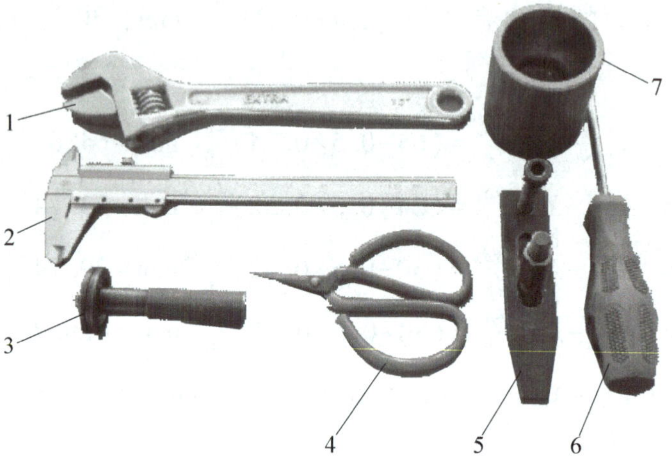

图 4-5　实训用工量具

1—活扳手　2—游标卡尺　3—紧丝轮　4—剪刀　5—压板　6—螺钉旋具　7—找正器

四、操作步骤

1）在工件上，按照图样的尺寸要求，以左下角为基准，用钻床在已划好线的位置上分别钻 7 个 ϕ5mm 的孔，并做好记号。

2）先加工较小的内导柱孔和销钉孔，再加工较大的型孔。内导柱孔的精度要求较高，一般单边间隙为 0.005~0.01mm；线切割加工时的起始处易留下电极丝加工痕迹，此痕迹影响导柱孔的精度，为消除此痕迹，在线切割加工凹模板和卸料板时可加工一个工艺孔以消除线切割加工时留下的痕迹，避免人工再次修磨。内导柱孔加工图如图 4-6 所示。

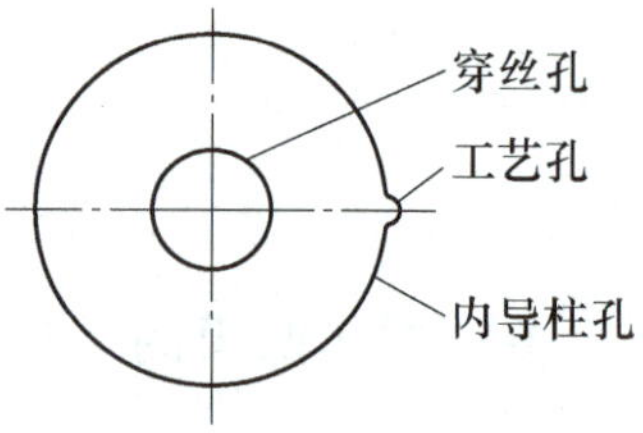

图 4-6　内导柱孔加工图

3）加工完工件后测量尺寸，检验尺寸是否符合图样的要求。

五、评价标准

凹模评价标准见表 4-1。

表 4-1　凹模评价标准

序号	考核内容	配分	扣分	得分
1	轨迹生成正确	10		
2	穿丝点设置正确	10		
3	A_{65}	5		
4	A_{24}	5		
5	A_{30}	5		
6	A_{R30}	5		
7	A_{R2}	5		
8	L_{37}	5		
9	$\phi 10$	10		
10	凹模轮廓完整	10		
11	加工工艺正确	15		
12	保养机床	5		
13	遵守数控电火花线切割机床安全操作规程	10		
备注	合计	100		
	教师签字			

任务二　凸凹模的电火花线切割加工

【任务引入】

如图 4-7 所示为图 4-1 止动件加工用的凸凹模，计算并确定凸凹模的尺寸，最后完成凸凹模的编程及加工。

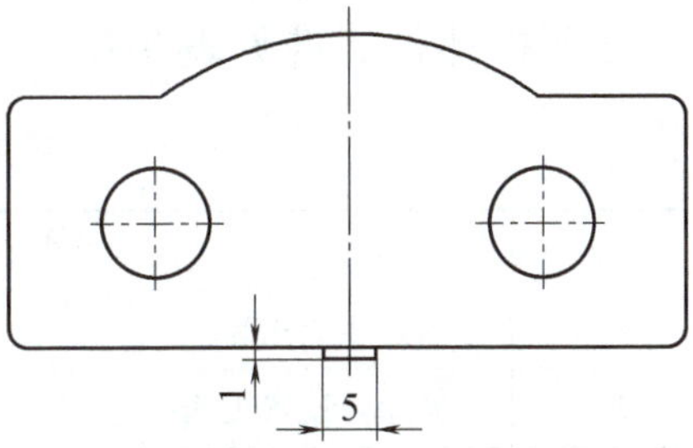

图 4-7　凸凹模

【任务内容】

一、凸凹模和凹模的单边间隙计算

单边间隙 $Z_{min}=Kt$，由于 Q235 钢属于中硬材料，$K=0.05\sim0.12$，材料厚度 t 为 2.0mm，因此可取 $K=0.05$，则单边间隙 $Z_{min}=0.05\times2.0\text{mm}=0.1\text{mm}$。

二、绘制或导入图形和编制程序

1）导入或用计算机软件绘制图 4-7，转成所需要的图形格式，如 dxf 文件等。

2）转入 AUTOP，生成程序。

3）根据间隙确定凸凹模的尺寸，根据凹模配合加工凸凹模。

4）准备进行线切割加工。

三、实训用设备及工量具

电火花线切割机床、Cr12 凸凹模板（尺寸为 80mm×80mm×60mm）、游标卡尺（0~150mm）、找正器、压板、活扳手、剪刀、螺钉旋具等。

四、操作步骤

1）在工件上，按照图样的尺寸要求，以模块中心为基准，用钻床在已划好线的位置上分别钻 2 个 ϕ5mm 的孔，并做好记号。

2）先加工凸凹模孔，再加工凸凹模外形，保证孔和外形的尺寸要求。

3）加工完工件后测量尺寸，检验尺寸是否符合图样的要求。

五、注意事项

1）相关凸模和凹模刃口尺寸计算，请参考相关资料。

2）落料以凹模刃口为基准，凸模放间隙；冲孔以凸模为基准，凹模放间隙。

3）加工完的凸凹模和凹模尺寸配合后应保证间隙值，并且配合间隙均匀。

六、评价标准

凸凹模评价标准见表 4-2。

表 4-2　凸凹模评价标准

序号	考核内容	配分	扣分	得分
1	轨迹生成正确	10		
2	穿丝点设置正确	10		
3	T_{65}	5		
4	T_{24}	5		
5	T_{30}	5		

（续）

序号	考核内容		配分	扣分	得分
6	T_{R30}		5		
7	T_{R2}		5		
8	T_{37}		5		
9	凸凹模轮廓完整		10		
10	凸凹模、凹模配合间隙为 0.045~0.055mm		10		
11	加工工艺正确		15		
12	保养机床		5		
13	遵守电火花线切割机床安全操作规程		10		
备注		合计	100		
		教师签字			

任务三　锥度电火花线切割加工编程及操作

【任务引入】

如图 4-8 所示，凹模的长、宽、高分别为 100mm、80mm、30mm，内孔直径为 20mm，斜度为 1°。请编制线切割程序，并进行内孔的线切割加工。

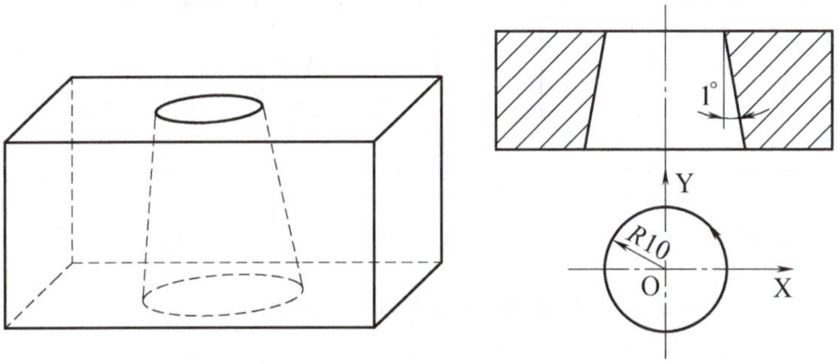

图 4-8　凹模的结构

【任务内容】

一、锥度线切割加工

1. 锥度的概念

锥度是指圆锥的底面直径与锥体高度之比，如果是圆台，则为上、下两底圆的直径差与圆台高度之比。如图 4-9 所示，电火花线切割机床在加工锥度工件时，如果按照逆时针方向切割锥度取正角度，工件则上小下大（正锥）；如果锥度取负角度，工件则上大下小（倒锥）。顺时针方向则相反。

a) 正锥　　b) 倒锥

图 4-9　锥度加工

2. 锥度加工的实现机理

要在线切割加工中实现锥度切割，就应想办法让电极丝相对于工件面能产生倾斜，而不是传统的垂直穿越。当然，电极丝与工件面间的倾斜不能是保持某一固定的倾斜方向，因为这样最多只能是在某一方向面上切割出锥度，而当改变加工方向面后则可能得不到锥度，或所得到的锥度不是所期望的。真正的锥度切割应是能自动地根据所加工的方向面随时改变其倾斜方向，以保证所加工出的锥度工件在锥度范围内的每一个横截面的形状都应是按一定比例缩放得到的。就如图 4-10 所示中圆锥台工件和棱锥台工件一样，在不同的方向上电极丝产生相对应的倾斜，但电极丝和垂直面的倾斜角度基本上是保持恒定的。

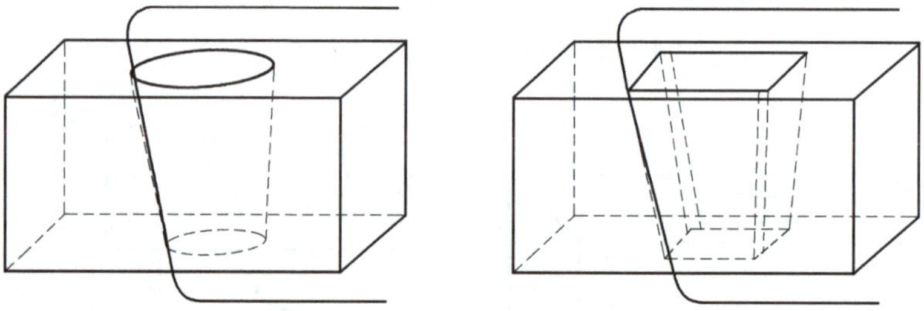

a) 圆锥台切割　　b) 棱锥台切割

图 4-10　工件锥度线切割的概念

3. 锥度线切割的三种实现方式

实现锥度的线切割加工可通过控制上、下丝架导向器按一定程序轨迹移动来实现。根据机床的结构布局，可有如图 4-11 所示的三种实现方式。

方式 1：上丝架可动，下丝架不动，如图 4-11a 所示。

方式 2：下丝架可动，上丝架不动，如图 4-11b 所示。

方式 3：上、下丝架都可动，如图 4-11c 所示。

其中，方式 3 的结构很复杂，很少采用，只有在需要特别大的加工锥度的情

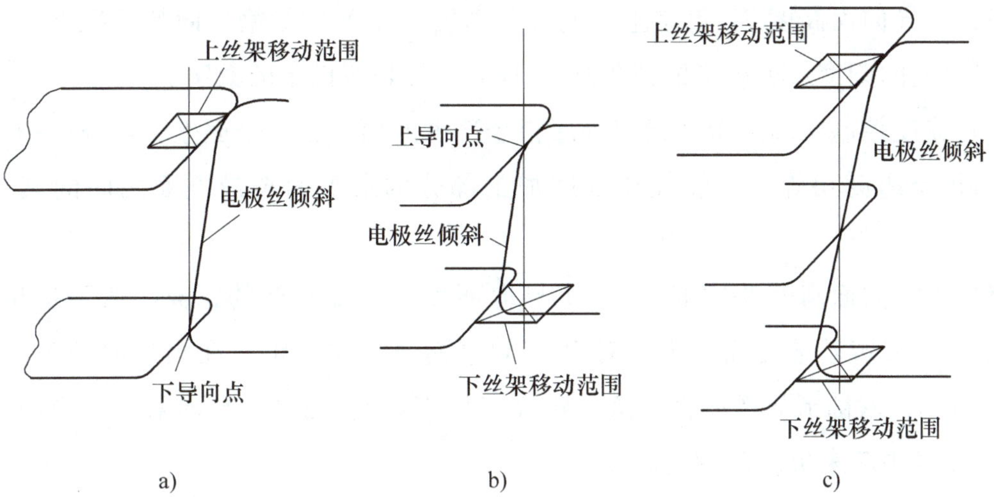

图 4-11　锥度线切割的三种实现方式

况下，才按方式 3 设计制造。方式 1 和方式 2 的结构复杂程度相当，主要就是看操作使用的环境场合的需要而设计制造。

4. 锥度加工参数的设定

可在 MDI 方式下由功能按钮“功能设定（SET）”设定锥度加工所需的各种参数。若不设定这些数据，即使程序中有电极丝倾斜的指令，也不能进行锥度加工。如图 4-12 所示，这些参据包括：

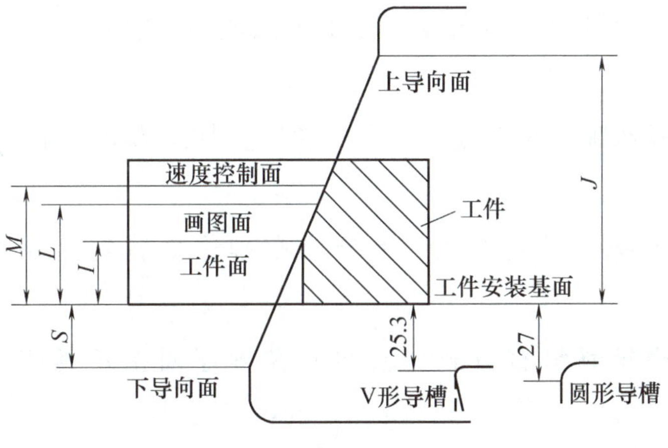

图 4-12　锥度参数的设定

1）加工方式：锥度加工时，设定为“1”；竖直加工时，设定为“0”；锥度加工带画图方式时，设定为“2”。

2）工件面高度 I：设定工件面的高度。在指定的工件面高度的面上，程序的尺寸与工件的尺寸相同。

3）上导向面高度 J：设定上导向面的高度。在 V 形导槽导向的情况下，从上导向滑块上的刻度尺上读得的值再加上 1mm，便是所设定的数字。

4）速度控制面高度 M：指定程序指令速度的面。在这个面上，电极丝的移动速度与指令速度相等，一般设在锥度加工部分的最上面至最下面之间的某高度面上。

5）下导向面高度 S：用于设定下导向面离工件安装台的距离。若不搭桥板，以当前工件安装基准台面为准。对 V 形导槽而言，这一距离在出厂时便已测出，$S=25.3$mm；对圆形导槽而言，这一距离应为 27mm。当更换导向器时，应用参数设定的序号 167 来更改此设定。

以上各高度均是以工件安装台为基准来设定的，以上导向的方向为正，设定值以当时设定的输入单位系设定。

5. 锥度加工编程设定

锥度加工即在电极丝竖直加工的基础上，同时有了上丝架的 U、V 坐标轴移动，但在程序中是无法直接指令 U、V 轴的，在程序中只能指令电极丝倾斜的角度和倾斜方向，U、V 轴的移动是由数控装置根据这些参数和锥度加工设定的各控制面高度参数来自动计算并控制实施的。也就是说，要实现锥度加工，必须进行锥度加工参数设定和程序中指令电极丝倾斜两方面内容的结合才行。锥度加工的程序指令形式基本上和线径补偿指令的形式相似，它有倾斜方式和倾斜角度两个内容。

G50——电极丝倾斜取消方式。电极丝竖直加工方式，是电源投入时的默认方式。

G51——电极丝倾斜左方式。上导向在程序面指定通路行进方向的左侧移动。

G52——电极丝倾斜右方式。上导向在程序面指定通路行进方向的右侧移动。

电极丝倾斜角度由地址 T 指令，有小数点时角度设定单位为 1°，无小数点时角度设定单位为 0.001°，最大指令为±5.000°。角度值是以从竖直位置起的偏角进行指令，无论是左倾还是右倾，都用正值指令；若为负值指令，则左右倾斜交换。可在丝倾斜方式指令前或统一程序段中指令倾斜角度，还可在程序中途变更倾斜角度。锥度线切割时电极丝的倾斜状况如图 4-13 所示。

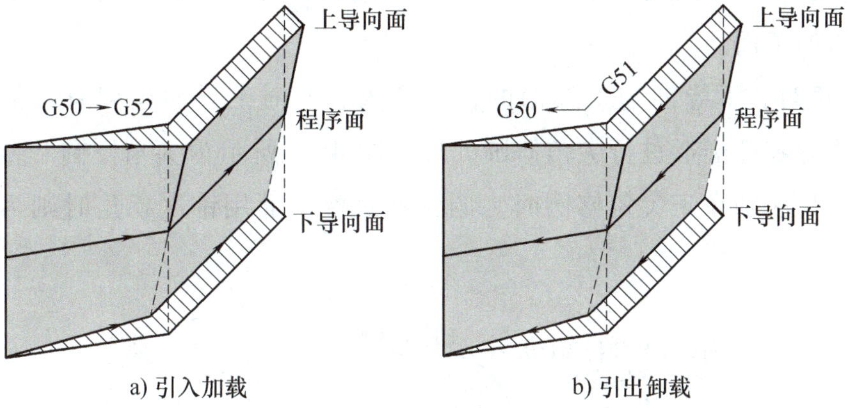

图 4-13 锥度线切割时电极丝的倾斜状况

二、锥度线切割加工程序的编制

数控编程参阅 ISO 编程的相关知识。

图 4-8 所示凹模左锥度加工的 ISO 代码程序如下：

N10 T84 T86 G90 G92 X0.000 Y0.000；	开切削液，开走丝，绝对坐标，当前点坐标为（0,0）
N12 G01 X9.900 Y0.000；	直线，终点坐标为（9.9,0）
N14 G28 A1.000；	左锥度加工，倾斜角为 1°
N16 G03 X9.900 Y0.000 I-9.900 J0.000；	逆圆，终点（9.9，0），圆心相对起点增量坐标为（-9.9，0）
N18 G27；	锥度关
N20 G01 X0.000 Y0.000；	直线，终点（0，0）
N22 T85 T87 M02；	关切削液，关走丝，程序结束

三、锥度线切割加工编程中注意的问题

1）锥度加工可以和线径补偿同时使用。

2）一般锥度加工的编程同样应该有一个引入加载和引出卸载的过程。

3）在锥度加工方式中，若指令了无移动量的程序段时，电极丝倾斜将取消。

4）在锥度加工中，一般可在直线与直线相交、直线与圆弧或圆弧与圆弧圆

滑相接的形状上正常进行，但在直线与圆弧或圆弧与圆弧相交的形状上将得不到指令角度的加工面。

5）尖角时，下导向与上导向的偏差变大，此时上导向丝架有可能超程。因此，有必要对零件图形进行尖角修圆处理。图 4-14 所示为尖角修圆和锥度拐角的实施效果，其区别在于尖角修圆时为圆锥状过渡，而用锥度拐角时则为斜圆柱状过渡。

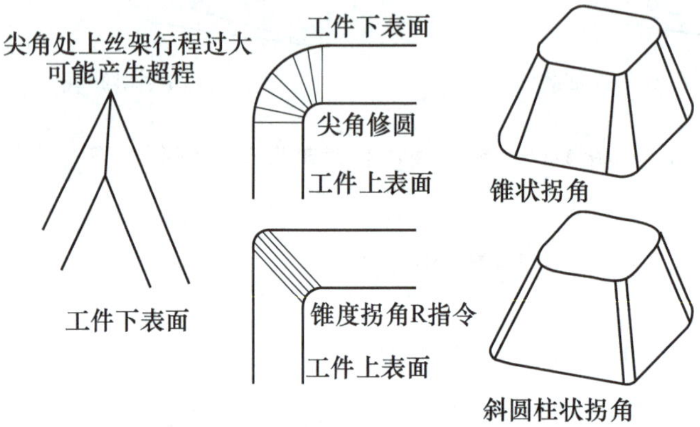

图 4-14　尖角修圆和锥度拐角的实现

四、零件的锥度线切割加工及注意事项

按图样尺寸加工图 4-8 中直径为 ϕ20mm、锥度为 1°的工件内孔。

（1）锥度加工

1）把钼丝穿在预先钻好的小孔内进行对中。对中后，将测得的基准面高、丝架距、工件厚度输入机床再传输程序。

2）打开总电源开关、机床开关、液压泵开关、电动机开关、高频开关后开始加工。

3）加工完成，关闭全部电源开关，拆卸零件后进行检测。然后实测锥度圆柱体的上下直径，输入计算机即可自动计算出精确的丝架距和基准面高。

（2）注意事项

1）注意锥度加工中基准面和丝架距的校正计算。因为基准面和丝架距准确与否，直接影响锥度加工的精度。

2）锥度加工出来的工件有“正锥度”和“负锥度”之分，在输入参数时，主要根据加工的方向和加工的锥度设定。

任务四　一次性电火花线切割凹模和凸模

【任务引入】

一次性线切割凸模和凹模如图 4-15 所示，凸模、凹模材料为 Cr12MoV，落料工件直径为 ϕ120mm，高度 H 为 35mm；板材为 10 钢，厚度 t = 1.5mm，计算凹模和凸模的冲裁间隙，根据线切割电极丝的直径计算线切割的锥度值，并进行线切割。

图 4-15　一次性线切割凸模和凹模

【任务内容】

一、一次性线切割凸、凹模

用线切割一次性加工凹模和凸模，其形状一致，间隙均匀合理，节约模具材料，也缩短了模具生产周期，同时降低了制造成本。对于形状复杂、形面较大的零件和冲模模板用慢走丝线切割加工效果尤其显著。模具中的凹模和凸模是冲压模具的主要工作零件，其形状复杂，配合精度要求高，如何加工该类零件且做到经济合理，并保证凹模和凸模刃口的冲裁间隙，需要精确计算线切割机床的锥度。

1. 凹模和凸模间隙计算方法

（1）经验公式法　计算凹、凸模间隙的方法有理论法、经验法和查表法，由于理论法计算非常复杂，在实际应用上意义不大，因此在实际生产中一般采用经验法或者查表法确定计算冲裁间隙，计算冲裁最小间隙（单面）Z_{min} 的经验公式为

$$Z_{min}=Kt$$

式中，K 为与材料厚度有关的系数；t 为材料厚度。

K 值选取范围（薄料用下限）：软材料，$K=0.04\sim0.09$；中硬材料，$K=0.05\sim0.12$；硬材料，$K=0.06\sim0.14$。

（2）查表法　表 4-3 为冲裁模初始单面间隙 Z（电器仪表行业用）。

表 4-3　冲裁模初始单面间隙 Z（电器仪表行业用）　（单位：mm）

材料厚度	纯铝		纯铜、黄铜、软铜 $w_C=0.08\%\sim0.2\%$		杜拉铝、中等硬钢 $w_C=0.3\%\sim0.4\%$		高强钢 $w_C=0.5\%\sim0.6\%$	
	Z_{min}	Z_{max}	Z_{min}	Z_{max}	Z_{min}	Z_{max}	Z_{min}	Z_{max}
0.2	0.008	0.012	0.010	0.014	0.012	0.016	0.014	0.018
0.3	0.012	0.018	0.015	0.021	0.018	0.024	0.021	0.027
0.4	0.016	0.024	0.020	0.028	0.024	0.032	0.028	0.036
0.5	0.020	0.030	0.025	0.035	0.030	0.040	0.035	0.045
0.6	0.024	0.036	0.030	0.042	0.036	0.048	0.042	0.054
0.7	0.028	0.042	0.035	0.049	0.042	0.056	0.049	0.063
0.8	0.032	0.048	0.040	0.056	0.048	0.064	0.056	0.072
0.9	0.036	0.054	0.045	0.063	0.054	0.072	0.063	0.081
1.0	0.040	0.060	0.050	0.070	0.060	0.080	0.070	0.090
1.2	0.060	0.084	0.072	0.096	0.084	0.108	0.096	0.120
1.5	0.075	0.105	0.090	0.120	0.105	0.135	0.120	0.150
1.8	0.090	0.126	0.108	0.144	0.126	0.162	0.144	0.180
2.0	0.100	0.140	0.120	0.160	0.140	0.180	0.160	0.200
2.2	0.132	0.176	0.154	0.198	0.176	0.220	0.198	0.242
2.5	0.150	0.200	0.175	0.225	0.200	0.250	0.225	0.275
2.8	0.168	0.224	0.196	0.252	0.224	0.280	0.252	0.308
3.0	0.180	0.240	0.210	0.270	0.240	0.300	0.270	0.330
3.5	0.245	0.315	0.280	0.350	0.315	0.385	0.350	0.420
4.0	0.280	0.360	0.320	0.400	0.360	0.440	0.400	0.480
4.5	0.315	0.405	0.360	0.450	0.405	0.495	0.450	0.540
5.0	0.350	0.450	0.400	0.500	0.450	0.550	0.500	0.600
6.0	0.480	0.600	0.540	0.660	0.600	0.720	0.660	0.780
7.0	0.560	0.700	0.630	0.770	0.700	0.840	0.770	0.910
8.0	0.720	0.880	0.800	0.960	0.880	1.040	0.960	1.120
9.0	0.810	0.990	0.900	1.080	0.990	1.170	1.080	1.260
10.0	0.900	1.100	1.000	1.200	1.100	1.300	1.200	1.400

注：1. 初始间隙的最小值相当于间隙的公称数值。
2. 初始间隙的最大值是考虑凸模和凹模的制造公差所增加的数值。
3. 在使用过程中，由于模具工作部分的磨损，间隙将有所增加，因而使用时间隙的最大数值要超过表列数值。

2. 间隙计算

图 4-15 中板材为 10 钢，属于中硬材料，厚度 t 为 1.5mm，可取 $K=0.05$，则 $Z_{min}=0.05\times1.5\text{mm}=0.075\text{mm}$。

二、线切割机床的锥度

1. 锥度的原理及计算方法

对于等断面的凹模和凸模，线切割加工可一次得到凹模和凸模。切割缝宽度即为单边间隙，其值 c 为线道宽度 f，等于线切割机床电极丝直径 d 加上放电间隙 δ_f，即 $c=f=d+\delta_f$，如图 4-16a 所示。但此方法只能根据冲裁间隙的取值来调换电极丝的直径，给实际生产应用带来了很大的不便。另外，如果冲裁间隙很小，需要非常细的电极丝直径，显然，用上述方法不能一次切割出凹模和凸模。线切割机床通常配有锥度装置，可以采用设定一定锥度的方式一次性线切割出凹模和凸模。因此，只要选取一定的倾斜角 α，便可以得到要求的凹模和凸模的冲裁间隙，而不必更换电极丝的直径。

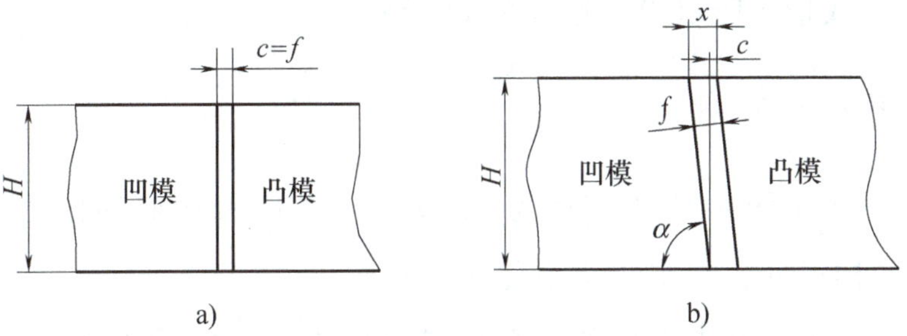

图 4-16　线切割一次成形加工凸模、凹模及间隙示意图

线切割加工具有一定单边间隙锥度的凹模和凸模如图 4-16b 所示，具体计算公式如下：

$$\tan\alpha=\frac{H}{x-c}=\frac{H}{\dfrac{f}{\sin\alpha-c}}$$

$$\Rightarrow\tan\alpha\left(\frac{f}{\sin\alpha}-c\right)=H$$

$$\Rightarrow(f+H)\tan^2\frac{\alpha}{2}-2c\tan\frac{\alpha}{2}+f-H=0$$

$$\Rightarrow\alpha=2\arctan\frac{2c+2\sqrt{c^2-f^2+H^2}}{2(f+H)} \tag{4-1}$$

例如，任务引入中所述模具中凹模、凸模模板厚度 $H=35\text{mm}$，冲裁单面间隙 $c=0.075\text{mm}$，选用直径 $d=0.3\text{mm}$ 的电极丝，$f=0.35\text{mm}$，将数值带入式（4-1）中得到 $\alpha=89.54981046°$。因为间隙很小，所以 $x\approx f$ 时，式（4-1）可简化为

$$\alpha=\arctan\frac{H}{f-c} \tag{4-2}$$

将上述数值带入式（4-2）中得到 $\alpha=89.54982814°$。可见二者的取值非常接

近，所以在实际的生产中可用式（4-2）进行简化计算。

2. 锥度的计算

图 4-15 中凹模和凸模刃口一致，共用同一坯料，采用电火花线切割机床可一次切割出来，但对于冲裁模中凸模和凹模的冲裁间隙非常小的情况，必须采用设定锥度的方式一次切割出来，利用式（4-2）计算锥度。

模具中凹模、凸模模板厚度 $H=35\text{mm}$，冲裁单面间隙 c（Z_{min}）$=0.075\text{mm}$，选用直径 $d=0.3\text{mm}$ 的电极丝，$f=0.35\text{mm}$，将数值带入式（4-2）中，得到 $\alpha=89.54982814°$。线切割时可设定锥度为 89.55°。

三、线切割加工

按图样尺寸加工图 4-15 中直径为 $\phi120\text{mm}$、锥度为 0.45°的凸模和凹模刃口。

1）检查图样尺寸，编制线切割程序。

2）把电极丝穿在预先钻好的小孔内进行对中。对中后，将测得的基准面高、丝架距、工件厚度输入机床再传输程序，设置线切割锥度。

3）打开总电源开关、机床开关、液压泵开关、电动机开关和高频开关后开始加工。

4）加工完成后关闭全部电源开关，拆卸零件后依次进行检测凸模和凹模。

四、评价标准

一次性线切割凸模和凹模评价标准见表 4-4。

表 4-4　一次性线切割凸模和凹模评价标准

<table>
<tr><th>序号</th><th colspan="2">考核内容</th><th>配分</th><th>扣分</th><th>得分</th></tr>
<tr><td>1</td><td colspan="2">轨迹生成正确</td><td>10</td><td></td><td></td></tr>
<tr><td>2</td><td colspan="2">穿丝点设置合理</td><td>10</td><td></td><td></td></tr>
<tr><td>3</td><td colspan="2">凸模、凹模轮廓完整</td><td>10</td><td></td><td></td></tr>
<tr><td>4</td><td colspan="2">凸模、凹模配合单边间隙为 0.07～0.09mm</td><td>20</td><td></td><td></td></tr>
<tr><td>5</td><td colspan="2">加工工艺正确（锥度设置正确）</td><td>30</td><td></td><td></td></tr>
<tr><td>6</td><td colspan="2">保养机床</td><td>10</td><td></td><td></td></tr>
<tr><td>7</td><td colspan="2">安全文明操作</td><td>10</td><td></td><td></td></tr>
<tr><td rowspan="2">备注</td><td rowspan="2"></td><td>合计</td><td>100</td><td></td><td></td></tr>
<tr><td>教师签字</td><td colspan="3"></td></tr>
</table>

任务五　异形帆船凸模的电火花线切割加工

【任务引入】

完成图 4-17 所示异形帆船凸模零件的加工，毛坯为 200mm×100mm×3mm 的钢板，材料为 Cr12MoV，加工切入点为第 12 点。

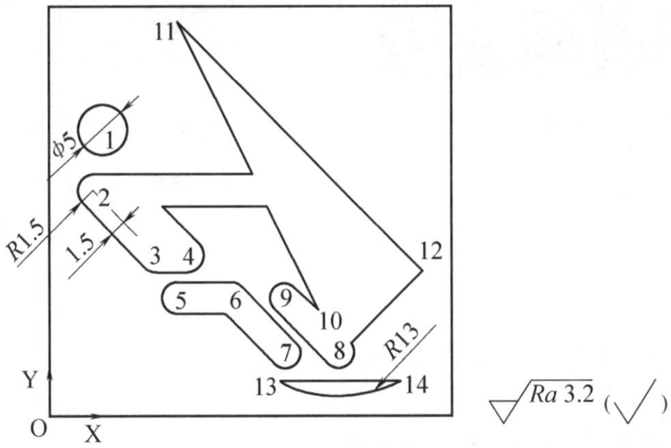

图 4-17　异形帆船凸模零件图

第 1 点坐标：X=5.300，Y=28.000　第 2 点坐标：X=4.300，Y=22.000

第 3 点坐标：X=10.700，Y=15.600　第 4 点坐标：X=14.000，Y=15.600

第 5 点坐标：X=12.600，Y=11.500　第 6 点坐标：X=18.100，Y=11.500

第 7 点坐标：X=23.500，Y=6.100　第 8 点坐标：X=28.900，Y=6.100

第 9 点坐标：X=23.500，Y=11.500　第 10 点坐标：X=26.817，Y=10.304

第 11 点坐标：X=12.800，Y=38.600　第 12 点坐标：X=37.300，Y=14.100

第 13 点坐标：X=22.838，Y=3.300　第 14 点坐标：X=34.962，Y=3.300

注：1~9 点为图 4-17 中各圆、圆弧的圆心坐标，10~14 点为直线端点坐标。

【任务内容】

一、实训用设备及工量具

电火花线切割机床如图 4-18 所示。

实训用工量具及毛坯如图 4-19 所示。

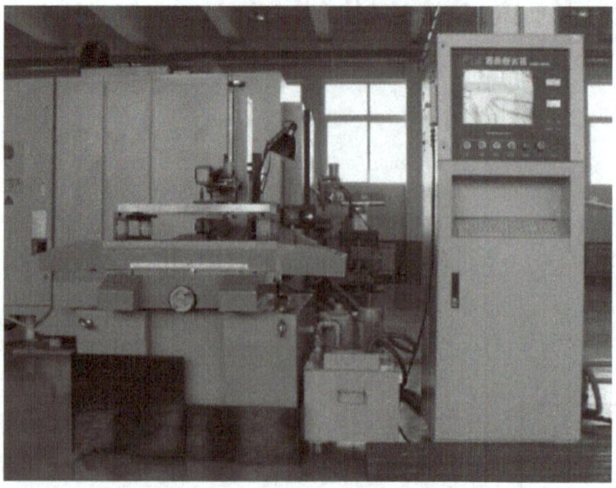

图 4-18　电火花线切割机床

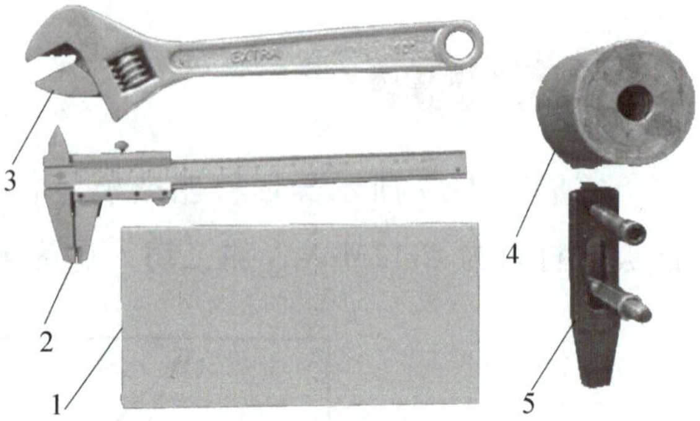

图 4-19　实训用工量具及毛坯

1—钢板　2—游标卡尺　3—活扳手

4—找正器　5—压板

二、加工操作步骤（苏州新火花机床）

异形帆船凸模零件加工步骤见表 4-5。

表 4-5　异形帆船凸模零件加工步骤

序号	操作步骤	备注
1	接通机床电源，进入操作系统	注意开机顺序
2	打开 CAXA 绘图软件，绘制零件图	
3	修改零件图为一个封闭图形	封闭轮廓
4	生成加工轨迹	注意命令提示行的提示内容
5	生成加工代码	注意程序的保存位置
6	进入“HF”系统，读取加工代码并验证加工轨迹是否正确	必须验证
7	设置放电加工参数并传送	注意选择的“组号”
8	找正电极丝	X、Y 轴均要找正
9	装夹工件并调整穿丝点位置	穿丝点距零件端面 1mm 左右即可
10	转动储丝筒、打开水泵，加工零件	必须打开工作液
11	检查零件是否符合要求	
12	关闭机床电源，保养机床	

1）按压控制柜左侧电源开关【合】（图 4-20），启动机床电源，等待进入操作系统。

图 4-20 电源开关

2）双击桌面上的 CAXA 图标，打开绘图软件，其主界面如图 4-21 所示。

3）绘制异形帆船凸模零件图。

① 绘制图 4-17 所示异形帆船凸模零件图。

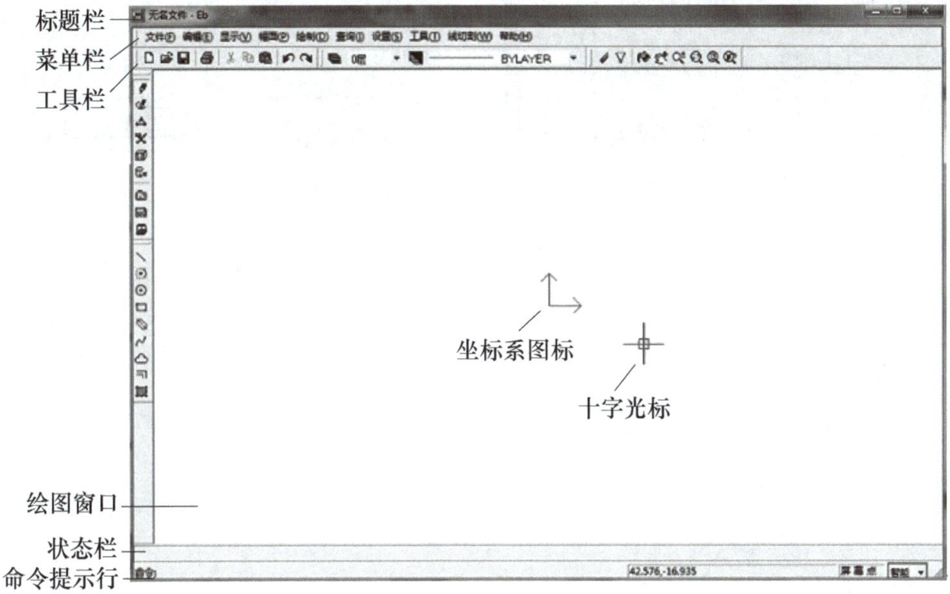

图 4-21 CAXA 绘图软件的主界面

② 修改图形为一个封闭轮廓并保存，修改后的异形帆船零件图如图 4-22 所示。

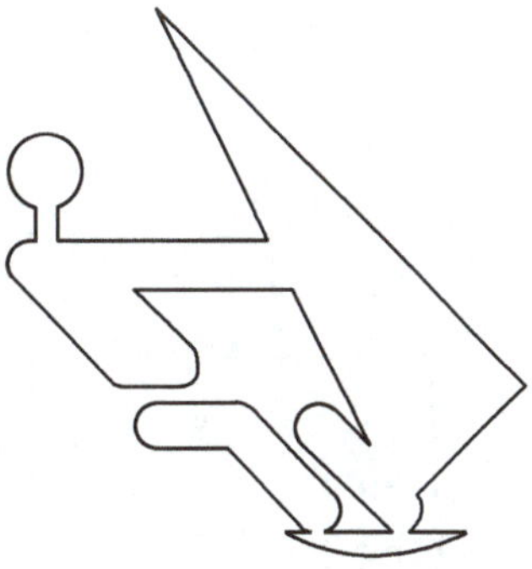

图 4-22 异形帆船零件图

4）生成加工轨迹。

① 在菜单栏中选择【线切割】→【轨迹生成】命令，弹出【线切割轨迹生成参数表】对话框，单击相应标签，弹出图 4-23 和图 4-24 所示选项卡，设置参数后单击【确定】按钮。

② 根据命令提示行提示进行操作：【拾取图素】→【选择加工方向】→【选择补偿方向】→【确定穿丝点位置】→【确定退出点位置】，最终生成加工轨迹，操作过程如图 4-25 ~ 图 4-29 所示。

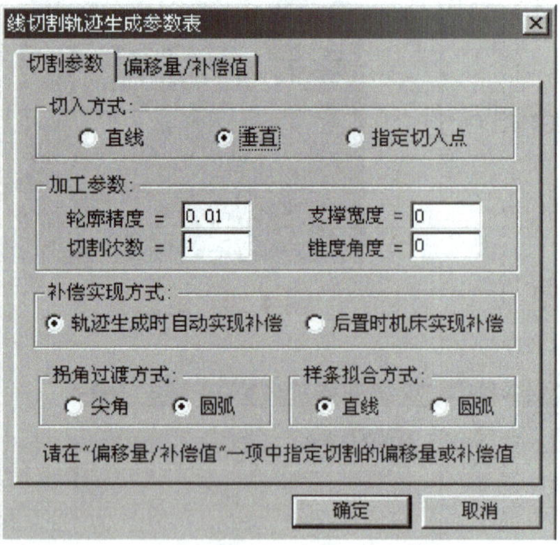

图 4-23 【切割参数】选项卡

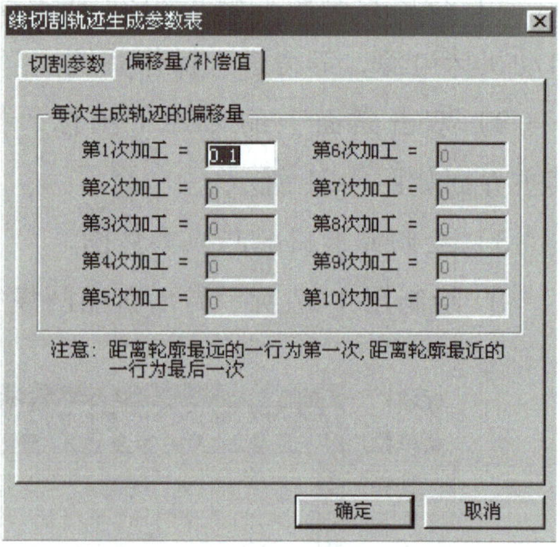

图 4-24 【偏移量/补偿值】选项卡

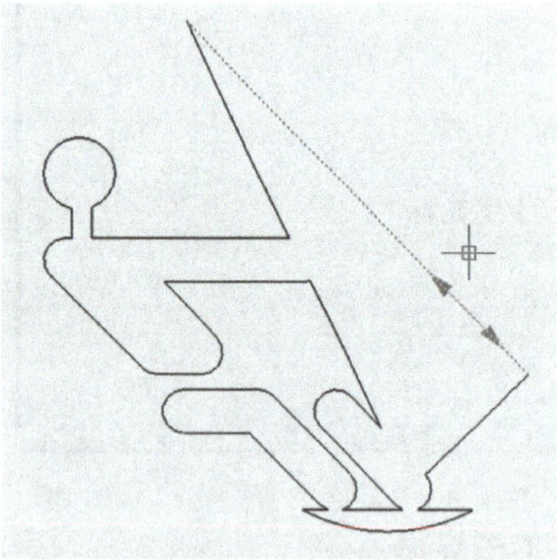

图 4-25 拾取该条直线后选择加工方向（逆时针方向）

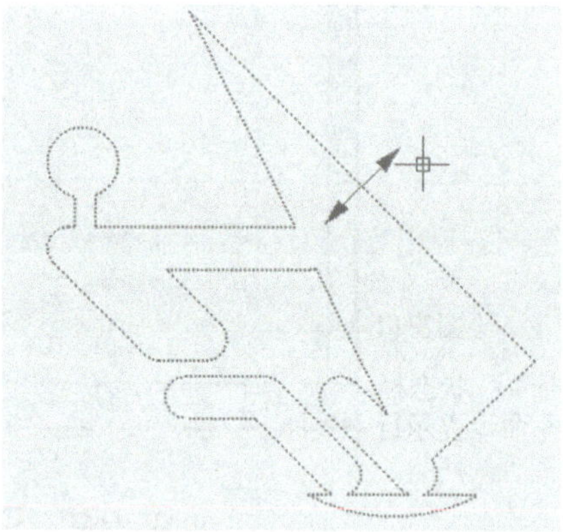

图 4-26 选择补偿方向（外补偿）

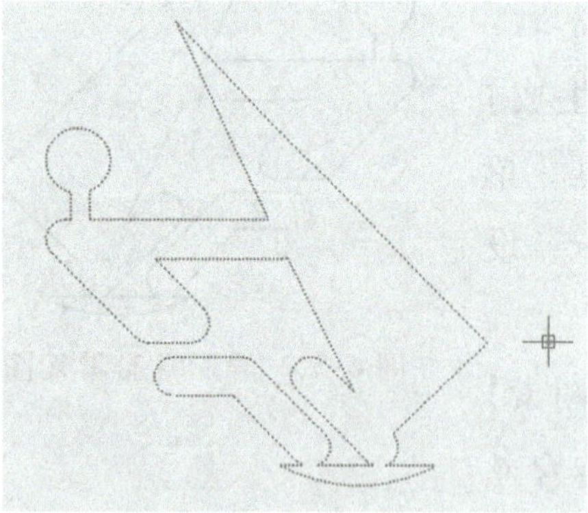

图 4-27 设置穿丝点（输入 42.3, 14.1 并按回车键）

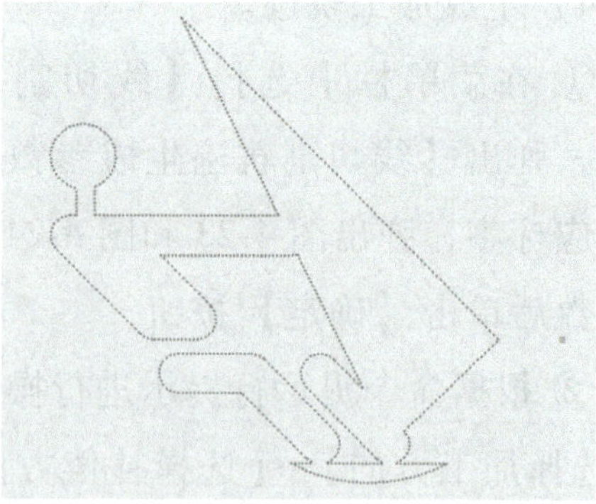

图 4-28 设置退出点位置（与穿丝点重合）

5）生成加工代码。

① 在菜单栏中选择【线切割】→【G 代码】→【生成 G 代码】命令，如图 4-30 所示，弹出【生成机床 G 代码】对话框，如图 4-31 所示。

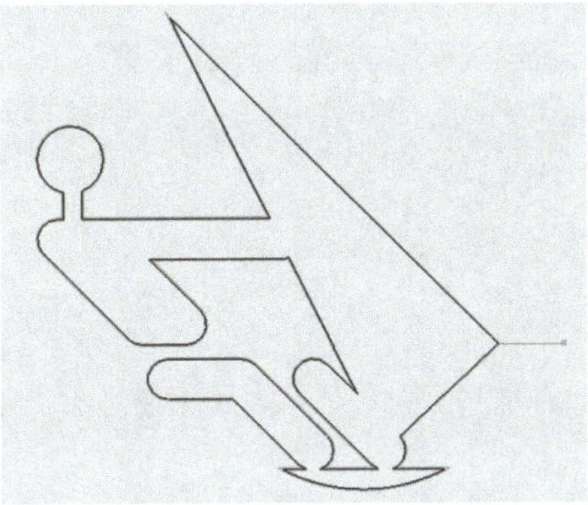

图 4-29　生成加工轨迹

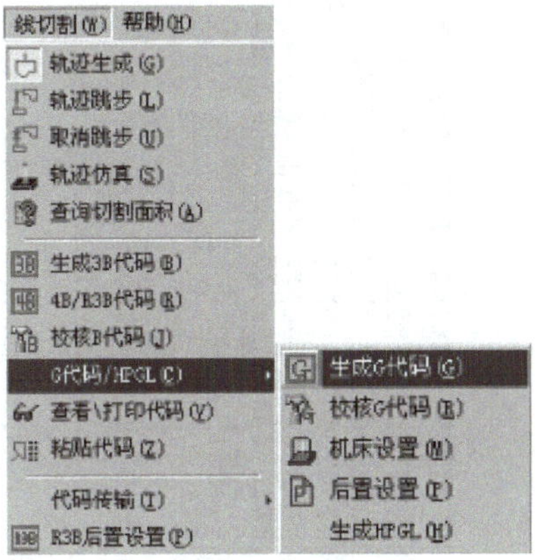

图 4-30　选择【生成 G 代码】命令

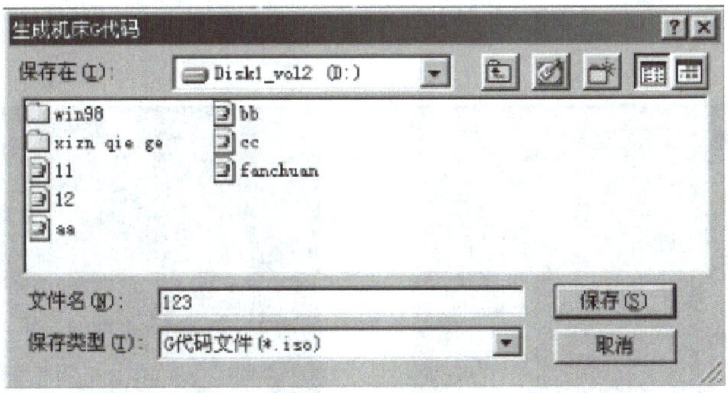

图 4-31　【生成机床 G 代码】对话框

② 选择保存位置（D 盘），输入文件名（123），选择【保存】命令。

③ 拾取加工轨迹并按回车键确认，自动弹出如图 4-32 所示加工程序，保存后关闭该文件。

④ 保存零件图，退出 CAXA 绘图软件。

6）打开 HF 软件。

① 双击桌面上的 HF 图标，进入 HF 控制软件，其主界面如图 4-33 所示。

② 单击【加工】按钮，进入编控系统主界面，如图 4-34 所示。

③ 单击【读盘】→【读 G 代码程序】按钮，进入图 4-35 所示界面，单击【另选盘号】按钮，输入程序保存的位置（D），选择文件名（123），系统自动进入图 4-36 所示界面，输入“2”并按回车键，读取加工程序，生成的加工轨迹如图 4-37 所示。

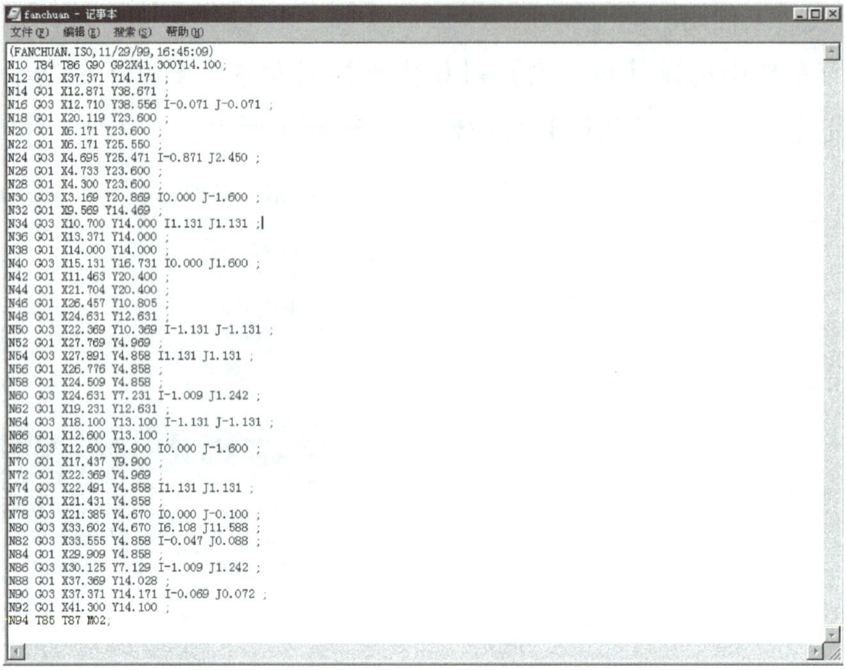

```
(FANCHUAN.ISO,11/29/99,16:45:09)
N10 T84 T86 G90 G92X41.300Y14.100;
N12 G01 X37.371 Y14.171 ;
N14 G01 X12.871 Y38.671 ;
N16 G03 X12.710 Y38.556 I-0.071 J-0.071 ;
N18 G01 X20.119 Y23.600 ;
N20 G01 X6.171 Y23.600 ;
N22 G01 X6.171 Y25.550 ;
N24 G03 X4.695 Y25.471 I-0.871 J2.450 ;
N26 G01 X4.733 Y23.600 ;
N28 G01 X4.300 Y23.600 ;
N30 G03 X3.169 Y20.869 I0.000 J-1.600 ;
N32 G01 X9.569 Y14.469 ;
N34 G03 X10.700 Y14.000 I1.131 J1.131 ;
N36 G01 X13.371 Y14.000 ;
N38 G01 X14.000 Y14.000 ;
N40 G03 X15.131 Y16.731 I0.000 J1.600 ;
N42 G01 X11.463 Y20.400 ;
N44 G01 X21.704 Y20.400 ;
N46 G01 X26.457 Y10.805 ;
N48 G01 X24.631 Y12.631 ;
N50 G03 X22.369 Y10.369 I-1.131 J-1.131 ;
N52 G01 X27.769 Y4.969 ;
N54 G03 X27.891 Y4.858 I1.131 J1.131 ;
N56 G01 X26.776 Y4.858 ;
N58 G01 X24.509 Y4.858 ;
N60 G03 X24.631 Y7.231 I-1.009 J1.242 ;
N62 G01 X19.231 Y12.631 ;
N64 G03 X18.100 Y13.100 I-1.131 J-1.131 ;
N66 G01 X12.600 Y13.100 ;
N68 G03 X12.600 Y9.900 I0.000 J-1.600 ;
N70 G01 X17.437 Y9.900 ;
N72 G01 X22.369 Y4.969 ;
N74 G03 X22.491 Y4.858 I1.131 J1.131 ;
N76 G01 X21.431 Y4.858 ;
N78 G03 X21.385 Y4.670 I0.000 J-0.100 ;
N80 G03 X33.602 Y4.670 I6.108 J11.588 ;
N82 G03 X33.555 Y4.858 I-0.047 J0.088 ;
N84 G01 X29.909 Y4.858 ;
N86 G03 X30.125 Y7.129 I-1.009 J1.242 ;
N88 G01 X37.369 Y14.028 ;
N90 G03 X37.371 Y14.171 I-0.069 J0.072 ;
N92 G01 X41.300 Y14.100 ;
N94 T85 T87 M02;
```

图 4-32　加工程序

图 4-33　HF 软件的主界面

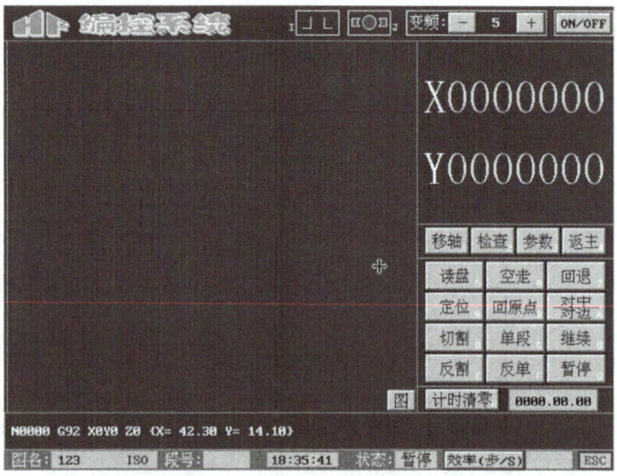

图 4-34　编控系统主界面

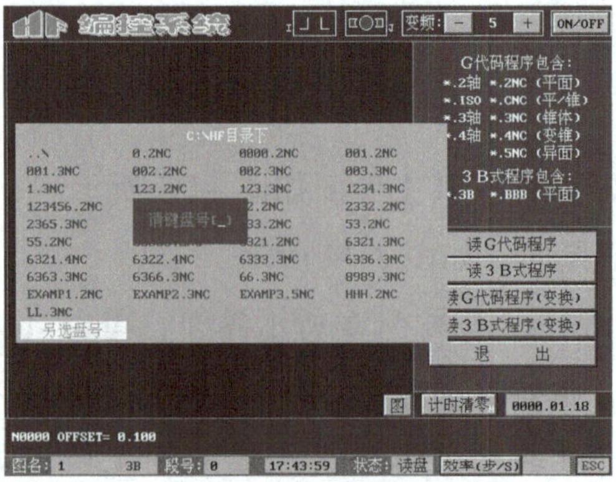

图 4-35　选择加工程序

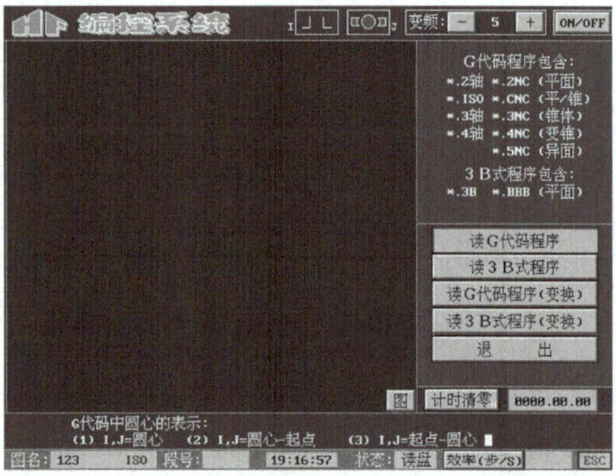

图 4-36　选择圆心编程方式

④ 单击【检查】→【模拟轨迹】按钮，在图 4-38 中按回车键确认【从第一段开始】，再次按回车键确认【到最后一段结束】，观察加工路线是否正确（图 4-39），正确后单击【退出】按钮，系统自动返回到图 4-37 所示界面。

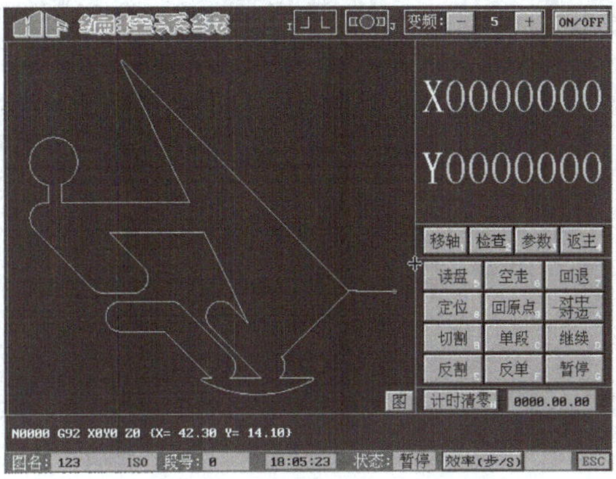

图 4-37　生成的加工轨迹

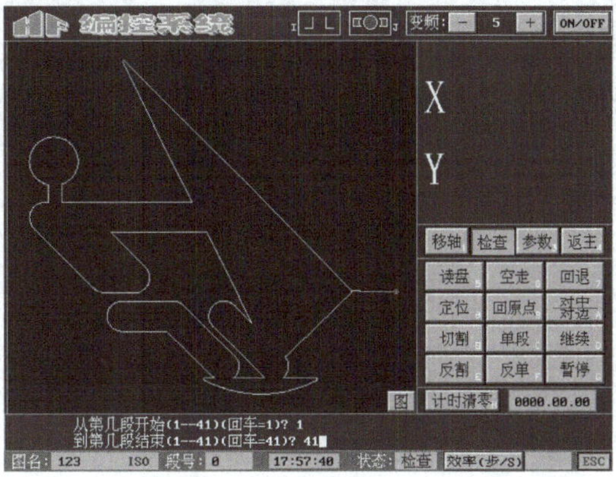

图 4-38　选择检验范围

7）传送加工参数。在图 4-37 所示界面中，单击【参数】按钮，弹出图 4-40 所示界面，选择【D　其他参数】，进入图 4-41 所示界面，选择【8　高频组号和参数（多次切割用）】，进入图 4-42 所示界面，单击【(4)　编辑高频参数】按钮，按照提示输入指令（指令查找机床说明书），进入图 4-43 所示界面，输入文件名“123”（新建一个加工参数文件）并按回车键，进入图 4-44 所示【编辑高频参数】界面，设置脉宽、脉间、短路电流、走丝速度代码、电压代码等加工参数（记住选择的组号），单击【返回】按钮，系统自动返回到图 4-42 所示界面。单击【(2)　参数的文件名】按钮，选择文件“123”，系统自动返回到【高频组号和参数】界面，如图 4-45 所示，此时【(2)　参数的文件名】右边显示的文件名为“123”。

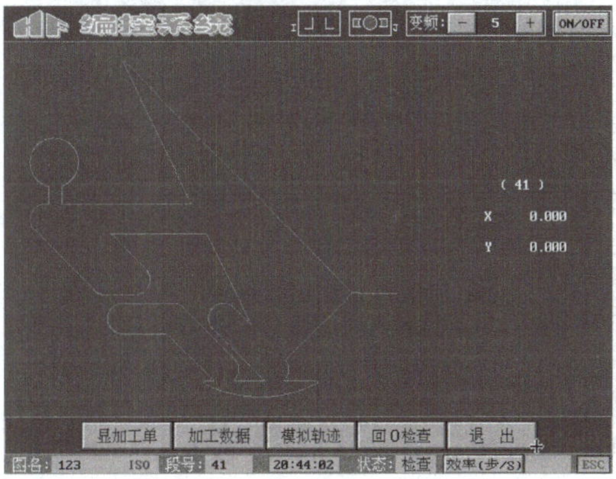

图 4-39　验证加工轨迹

单击【(3)　送高频的参数】按钮，进入图 4-46 所示界面，输入组号“0”并按回车键传送加工参数。如果传输错误，机床面板上的传输错误指示灯会亮起，并返回到图 4-45 所示【高频组号和参数】界面，需重新传送；如果传输正确，机床面板上的电压表显示所设置的电压值（图 4-47），此时系统自动返回到图 4-45 所示【高频组号和参数】界面。单击【(0)　返回】按钮，回到图 4-44 所示界面。

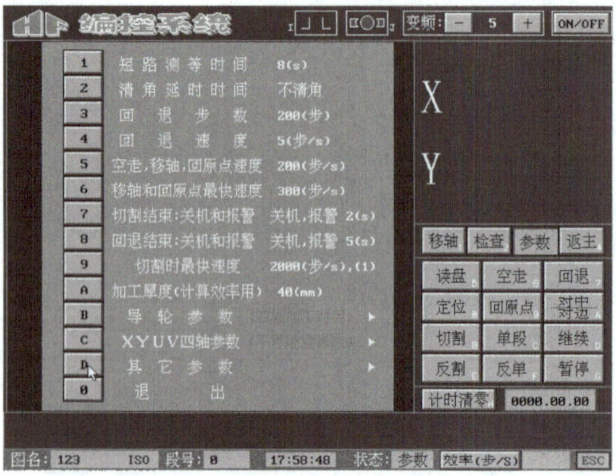

图 4-40　参数界面

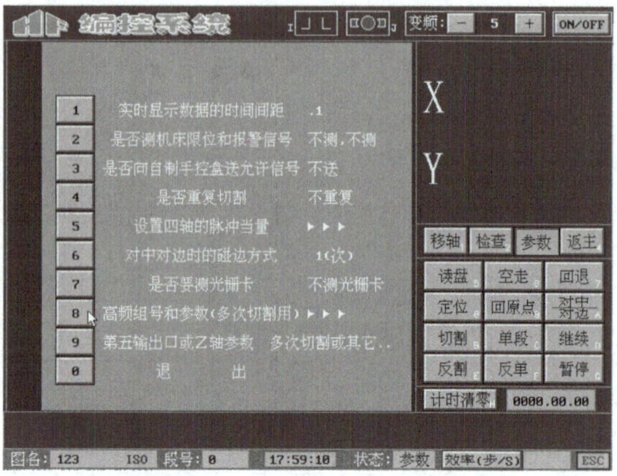

图 4-41　【其他参数】界面

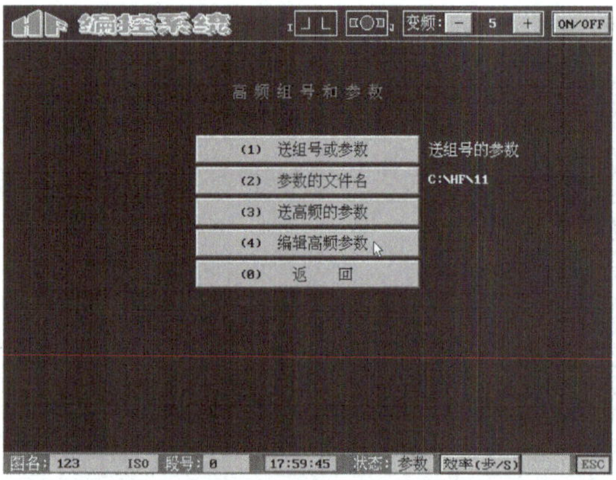

图 4-42　【高频组号和参数】界面

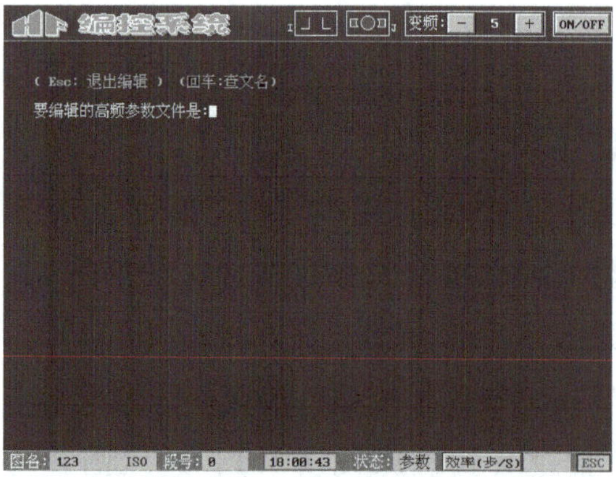

图 4-43　建立加工参数文件

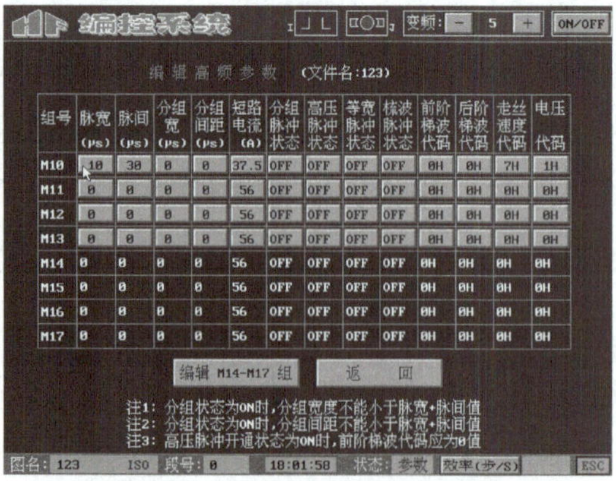

图 4-44　【编辑高频参数】界面

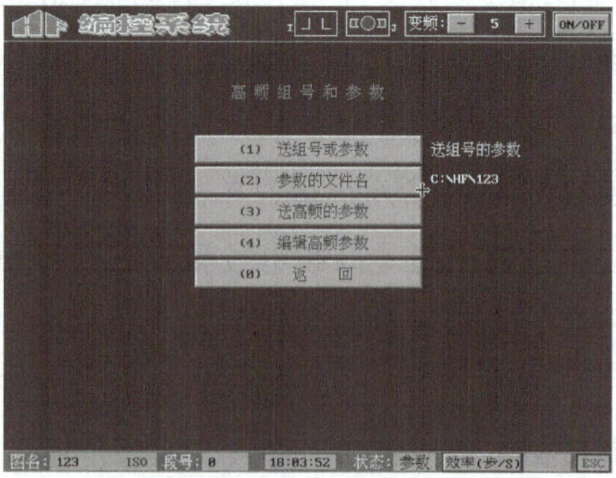

图 4-45　【高频组号和参数】界面

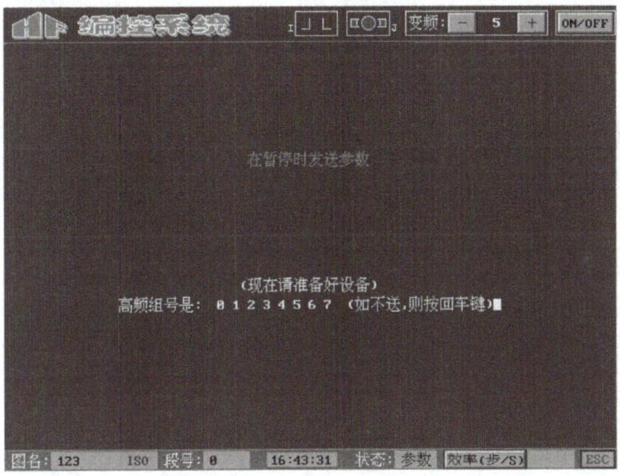

图 4-46　选择高频组号

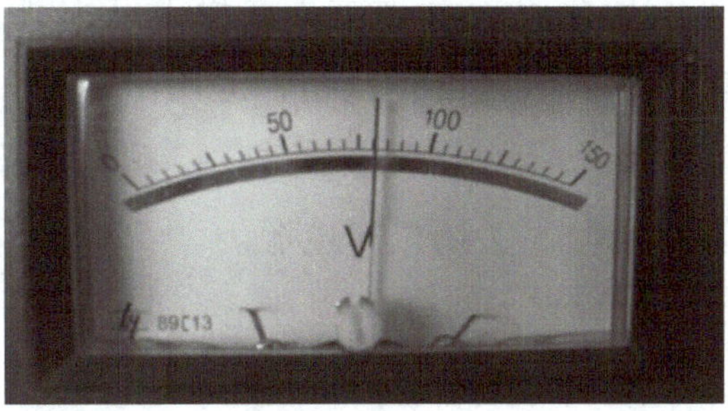

图 4-47　电压表

8）放置找正器，转动储丝筒，单击【打开高频】按钮（图 4-48），移动机床手柄，调整 U、V 方向锥度调节器（图 4-49）找正电极丝。

9）装夹工件，调整加工位置。在 X 方向上，电极丝与毛坯边有 1mm 左右的距离；在 Y 方向上，电极丝与毛坯边有 30mm 左右的距离，如图 4-50 所示。

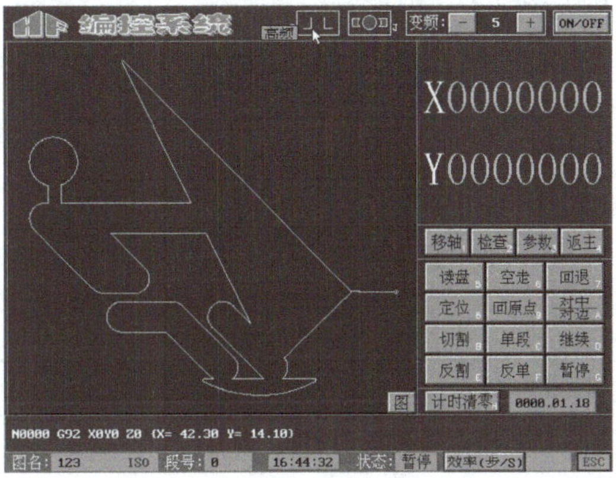

图 4-48　打开高频

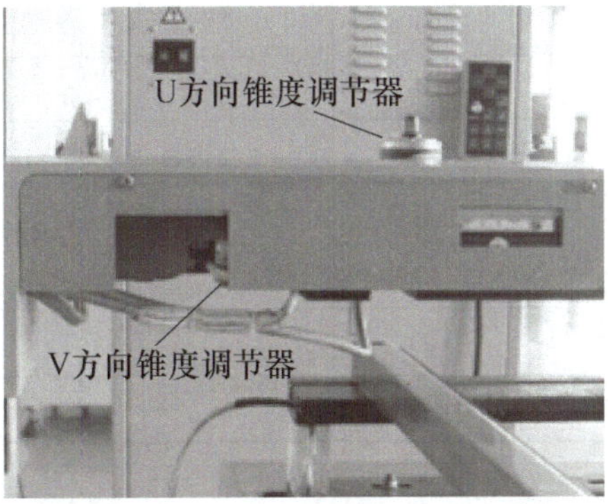

图 4-49　调整锥度调节器位置

图 4-50　电极丝位置

10）转动储丝筒，打开工作液，单击【切割】按钮，加工零件。

① 按压机床面板上的【丝筒开】→【水泵开】按钮。

② 在图 4-37 所示界面单击【切割】按钮，机床自动进行加工。

③ 加工完的异形帆船凸模零件实物图如图 4-51 所示。

11）检查零件是否符合要求。

12）退出 HF 软件，关闭机床电源。

① 在图 4-37 所示界面单击【返主】→【退出系统】→【确认退出】按钮，退出 HF 软件。

② 按压机床控制柜左侧电源开关【分】（图 4-20），关闭机床电源。

13）保养机床。

① 机床复位。

② 机床转动部分必须每天加润滑油，转动较少部位加润滑脂。

③ 机床用毕擦拭干净加润滑油、防锈油。

图 4-51 异形帆船凸模零件实物图

三、评价标准

异形帆船凸模评价标准见表 4-6。

表 4-6 异形帆船凸模评价标准

序号	考核内容		配分	扣分	得分
1	零件图绘制正确		15		
2	轨迹生成正确		10		
3	穿丝点设置正确		10		
4	正确生成加工代码		10		
5	零件加工完整		10		
6	加工工艺正确		15		
7	保养机床		10		
8	遵守电火花线切割机床安全操作规程		20		
备注		合计	100		
		教师签字			

任务六 瓶起子凹模的电火花线切割加工

【任务引入】

完成图 4-52 所示瓶起子零件凹模的加工，毛坯为 200mm×100mm×3mm 的钢

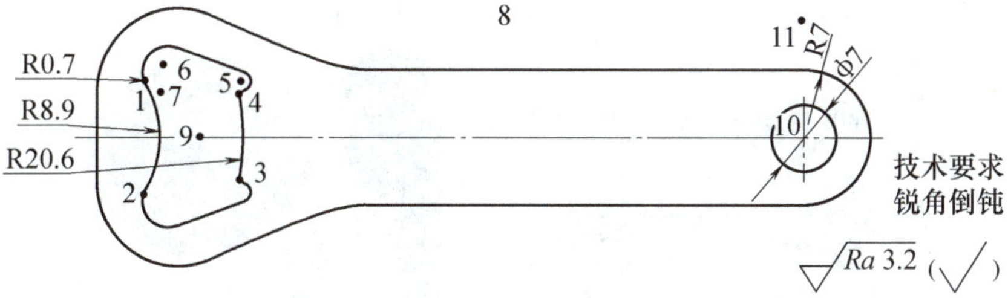

图 4-52　瓶起子凹模零件图

板，材料为 Cr12MoV。

第 1 点坐标（圆弧端点）：X=-68.396，Y=5.618

第 2 点坐标（圆弧端点）：X=-68.396，Y=-5.618

第 3 点坐标（圆弧端点）：X=-58.300，Y=-4.446

第 4 点坐标（圆弧端点）：X=-58.464，Y=4.446

第 5 点坐标（圆心）：X=-57.742，Y=5.696，R0.7

第 6 点坐标（圆心）：X=-65.140，Y=5.814，R3.4

第 7 点坐标（圆心）：X=-65.000，Y=5.288，R8.0

第 8 点坐标（圆心）：X=-45.161，Y=21.000，R14.0

第 9 点坐标（穿丝点）：X=-62.000，Y=0.000

第 10 点坐标（圆心）：X=0.000，Y=0.000

第 11 点坐标（穿丝点）：X=0.000，Y=12.000

【任务内容】

一、实训用设备及工量具

数控电火花线切割机床、游标卡尺（0～150mm）、钢板（尺寸为 200mm×100mm×3mm）、找正器、压板、活扳手、剪刀、螺钉旋具、丝盘、紧丝轮。实训用工量具及毛坯如图 4-53 所示。

二、加工操作步骤

瓶起子凹模零件加工步骤见表 4-7。

1）启动机床电源，等待进入操作系统。

2）打开 CAXA 绘图软件，绘制图 4-52 所示瓶起子凹模零件图。

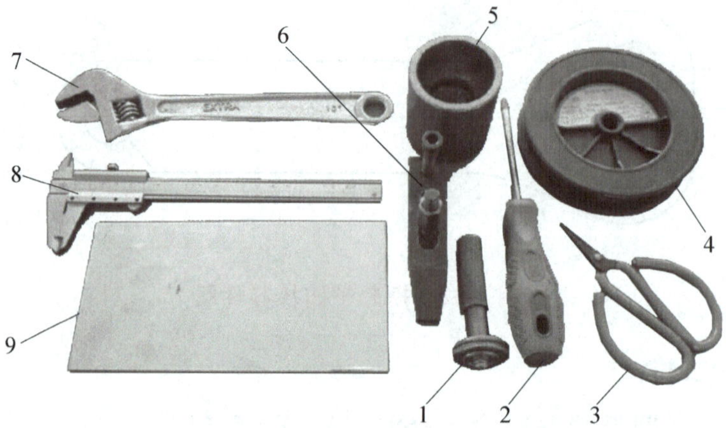

图 4-53　实训用工量具及毛坯

1—紧丝轮　2—螺钉旋具　3—剪刀　4—丝盘　5—找正器
6—压板　7—活扳手　8—游标卡尺　9—钢板

表 4-7　瓶起子凹模零件加工步骤

序号	操作步骤	备　注
1	接通机床电源，进入操作系统	注意开机顺序
2	打开 CAXA 绘图软件，绘制零件图	
3	生成加工轨迹	拾取轮廓时选择哪条直线
4	生成加工代码	
5	进入“HF”系统，读取加工代码并验证加工轨迹是否正确	必须验证
6	设置放电加工参数并传送	注意选择的“组号”
7	找正电极丝	X、Y 轴均要找正
8	钻削穿丝孔	孔壁要光滑
9	装夹工件	
10	将电极丝穿入穿丝孔，加工左端部分	检验尺寸是否符合要求
11	将电极丝穿入穿丝孔，加工右端部分	检验尺寸是否符合要求
12	加工零件外轮廓	
13	检查零件是否符合要求	
14	关闭机床电源，保养机床	

3）生成加工轨迹。在菜单栏中选择【线切割】→【轨迹生成】命令，在弹出的【线切割轨迹生成参数表】对话框中设置切割参数、偏移量后单击【确定】按钮。

按照命令提示行的提示进行如下操作：拾取轮廓时选择 R20.6 圆弧

（图 4-54），选择逆时针加工、内补偿，穿丝点为第 9 点（输入第 9 点坐标并按回车键确认），退出点与穿丝点重合，生成第一个加工轨迹（图 4-55）；继续拾取 ϕ7 圆（图 4-56），选择逆时针加工、内补偿，穿丝点为 ϕ7 圆的圆心第 10 点（输入第 10 点坐标并按回车键确认），退出点与穿丝点重合，生成第二个加工轨迹（图 4-57）；继续拾取直线（图 4-58），选择逆时针加工、外补偿，穿丝点为第 11 点（输入第 11 点坐标并按回车键确认），退出点与穿丝点重合，生成第三个加工轨迹（图 4-59）。

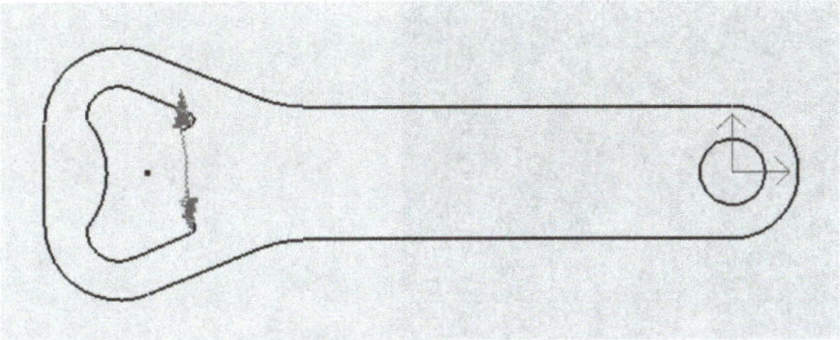

图 4-54　拾取轮廓（R20.6 圆弧）

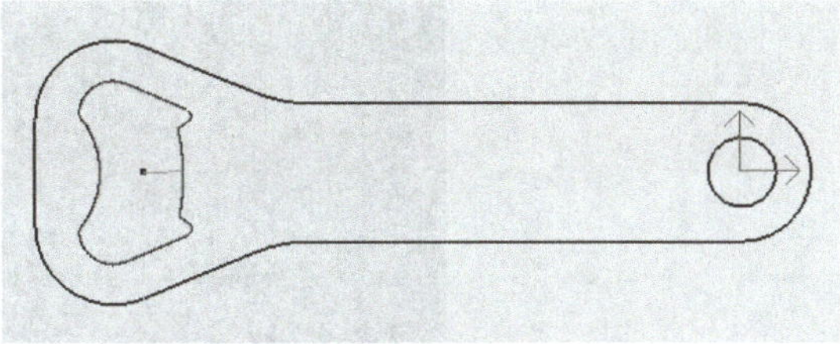

图 4-55　生成第一个加工轨迹

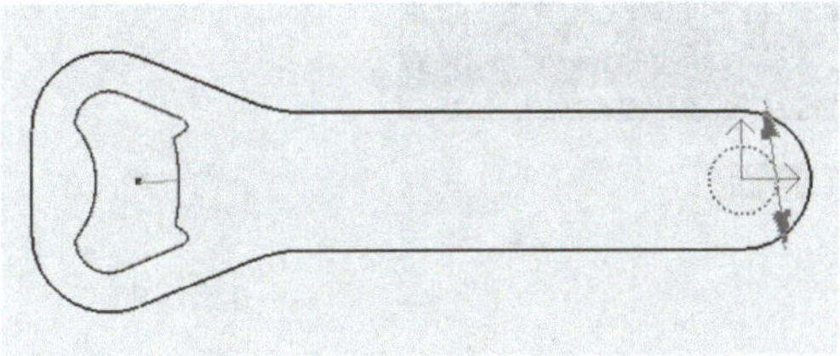

图 4-56　拾取轮廓（ϕ7 圆）

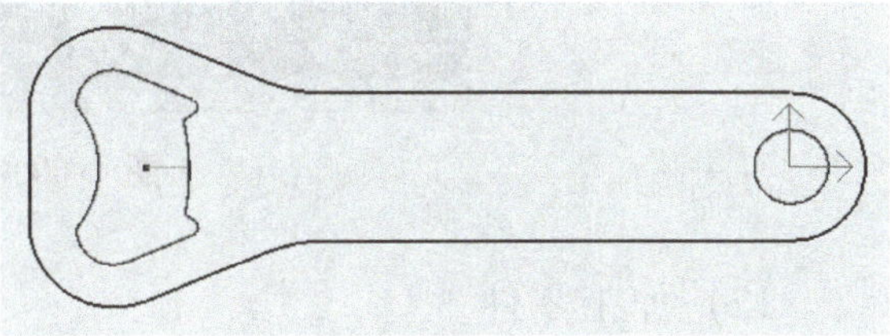

图 4-57　生成第二个加工轨迹

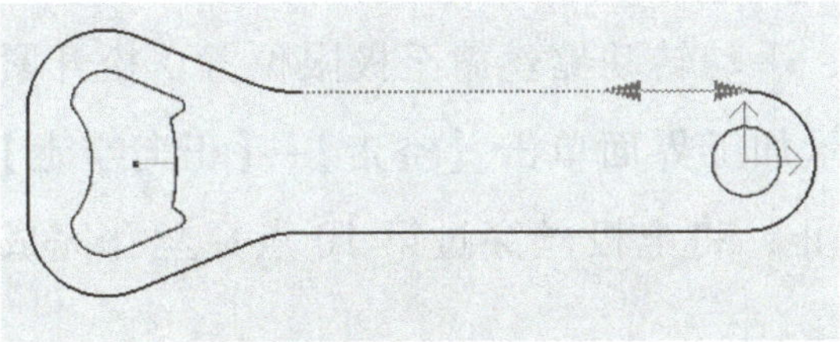

图 4-58　拾取轮廓（上直线）

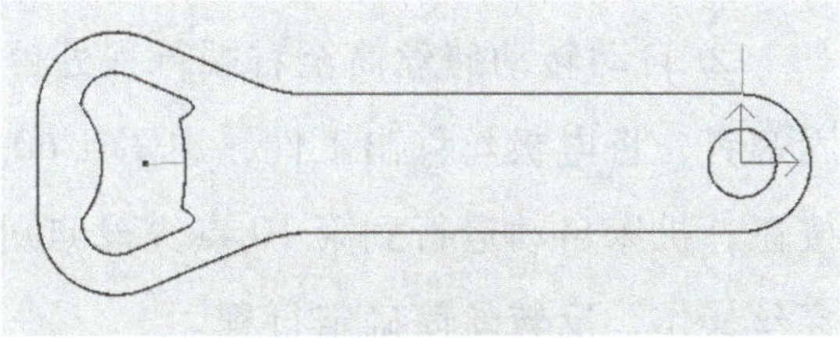

图 4-59　生成第三个加工轨迹

4）生成加工代码。依次拾取第一个加工轨迹、第二个加工轨迹、第三个加工轨迹，按回车键确认生成加工代码（代码略）。

5）进入 HF 软件，读取 G 代码并验证加工轨迹（略）。

6）设置并传送加工参数（略）。

7）电极丝垂直度找正（略）。

8）钻削穿丝孔。在第 9、10、11 点位置钻削 ϕ3mm 穿丝孔。

9）装夹工件。

10）穿丝、调整行程。自动转动储丝筒至右端行程处停止，手动转动储丝筒至极限位置，松开紧固螺钉，将电极丝穿入第 9 点穿丝孔内（孔壁不得与电极丝干涉），重新固定电极丝，反转储丝筒确定行程。

11）找正孔中心。在图 4-60 所示加工界面单击【对中/对边】→【中心】按钮，机床自动运行到 ϕ3mm 穿丝孔的中心位置。

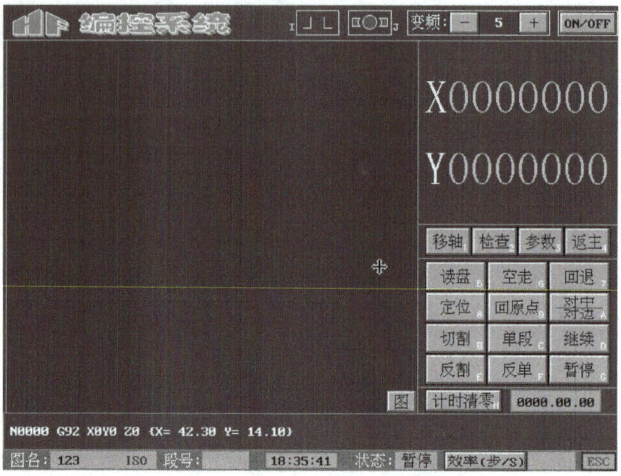

图 4-60　加工界面

12）加工零件。

① 转动储丝筒、打开水泵，在图 4-60 所示加工界面单击【切割】按钮，完成瓶起子凹模左端部分的加工，加工结束后机床停止一切动作。

② 自动转动储丝筒至右端行程处停止，手动转动储丝筒至极限位置，松开紧固螺钉，将电极丝移出工件，在图 4-60 所示加工界面单击【空走】→【正向空走】按钮，机床自动运行到第 10 点穿丝点处停止，将电极丝穿过第 10 点穿丝孔完成穿丝操作，反转丝筒确定行程。

③ 转动储丝筒，打开水泵，在图 4-60 所示加工界面单击【切割】按钮，完成 ϕ7mm 圆的加工，加工结束后机床停止一切动作。

④ 自动转动储丝筒至右端行程处停止，手动转动储丝筒至极限位置，松开紧固螺钉，将电极丝移出工件，在图 4-60 所示加工界面单击【空走】→【正向空走】按钮，机床自动运行到第 11 点穿丝点处停止，将电极丝穿过第 11 点穿丝孔完成穿丝操作，反转储丝筒确定行程。

⑤ 转动储丝筒，打开水泵，在图 4-60 所示界面加工界面单击【切割】按钮，

完成瓶起子凹模零件的加工，加工结束后机床停止一切动作。

13）检查零件是否符合要求。

14）保养机床。

① 机床复位。

② 机床转动部分必须每天加润滑油，转动较少部位加润滑脂。

③ 机床用毕擦拭干净加润滑油、防锈油。

三、评价标准

瓶起子凹模评价标准见表 4-8。

表 4-8　瓶起子凹模评价标准

序号	考核内容	配分	扣分	得分
1	零件图绘制正确	15		
2	轨迹生成正确	10		
3	穿丝点设置正确	10		
4	加工代码生成正确	10		
5	零件加工完整	10		
6	加工工艺正确	15		
7	保养机床	10		
8	遵守电火花线切割机床安全操作规程	20		
备注	合计	100		
	教师签字			

【技能训练】

一、选择题

1. 若电火花线切割机床的单边放电间隙为 0.02mm，钼丝直径为 0.18mm，则加工圆孔时的补偿量为（　）。

A. 0.10mm　　B. 0.11mm　　C. 0.20mm　　D. 0.21mm

2. 用电火花线切割机床加工直径为 10mm 的圆孔，当采用的补偿量为 0.12mm 时，实际测量孔的直径为 10.02mm，若要孔的尺寸达到 10mm，则采用的补偿量为（　）。

A. 0.10mm　　B. 0.11mm　　C. 0.12mm　　D. 0.13mm

3. 快走丝电火花线切割机床加工时，所选用的工作液和电极丝为（　　）。

A. 纯水，钼丝　　B. 机油，黄铜丝

C. 乳化液，钼丝　　D. 去离子水，黄铜丝

4. 用线切割机床不能加工的形状或材料为（　　）。

A. 盲孔　　B. 圆孔　　C. 上下异形件　　D. 淬火钢

5. 下列论述选项中正确的是（　　）。

A. 电火花线切割加工中，只存在电火花放电这一种放电状态

B. 电火花线切割加工中，由于工具电极丝高速运动，故工具电极丝不损耗

C. 电火花线切割加工中，电源可选用直流脉冲电源或交流电源

D. 电火花线切割加工中，工作液一般采用水基工作液

二、判断题

1. 电火花线切割加工时，加工路线应从坯件预制的穿丝孔开始，由外向内的顺序进行切割。（　　）

2. 电火花线切割加工时，电极丝的材料必须比工件材料硬。（　　）

3. 电火花线切割可以用来加工半导体材料。（　　）

4. 电火花线切割加工时，不能沿工件的端面加工，否则难以保证尺寸和表面粗糙度。（　　）

5. 电火花线切割加工时，电源可以选用直流脉冲电源或交流电源。（　　）

三、操作练习

1. 完成图 4-61 所示内齿轮的电火花线切割加工，模数 $m=1\text{mm}$，齿数 $z=30$，压力角 $\alpha=20°$，毛坯为 200mm×100mm×3mm 的钢板。

2. 完成图 4-62 所示外齿轮的电火花线切割加工，模数 $m=1\text{mm}$，齿数 $z=30$、压力角 $\alpha=20°$，毛坯为 200mm×100mm×3mm 的钢板。

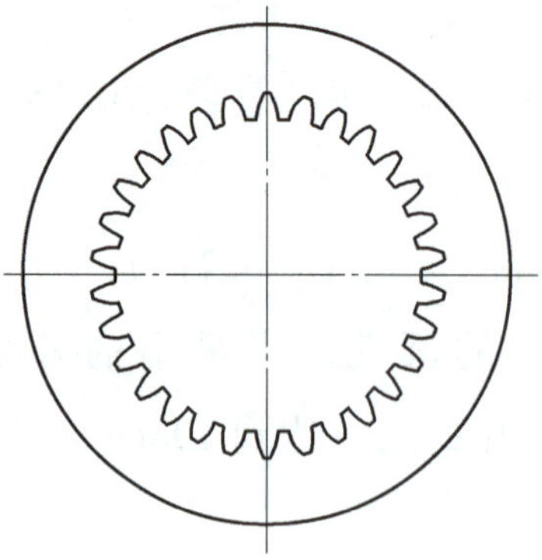

图 4-61　内齿轮

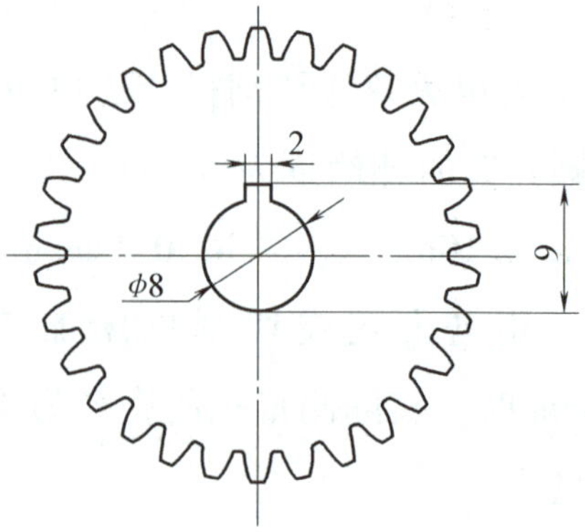

图 4-62　外齿轮

3. 完成图 4-63 所示支架连接板的电火花线切割加工，毛坯为 200mm×100mm×3mm 的钢板。

4. 完成图 4-64 所示零件的电火花线切割加工，毛坯为 50mm×50mm×3mm 的铝板。

5. 完成图 4-65 所示零件的电火花线切割加工，毛坯为 50mm×50mm×3mm 的铝板。

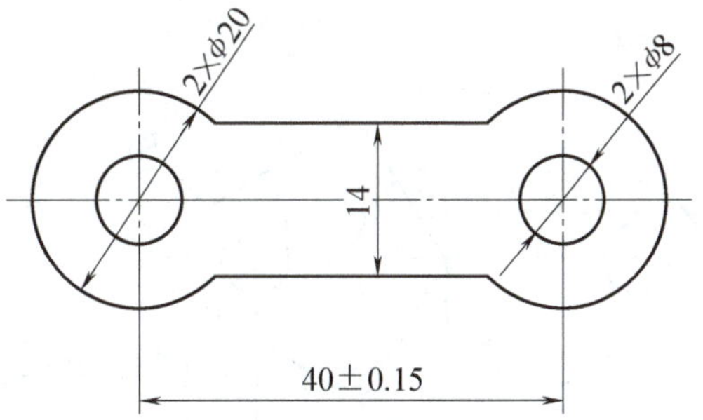

图 4-63　支架连接板

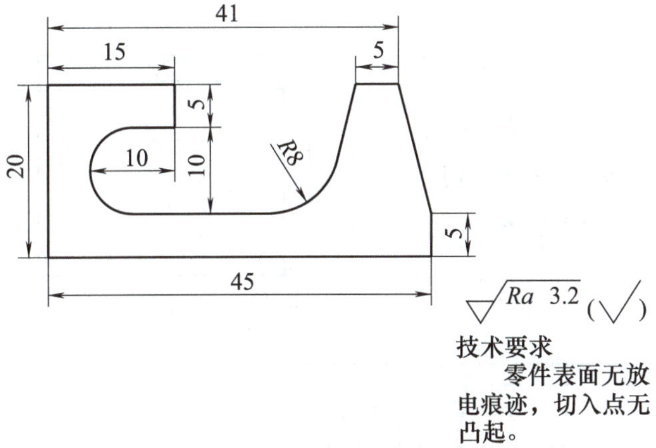

图 4-64　题 4 图

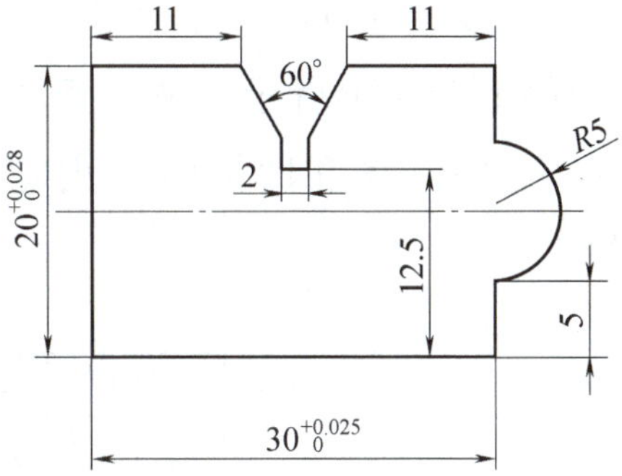

图 4-65　题 5 图

6. 设计图 4-66 和图 4-67 所示的趣味作品并完成电火花线切割加工。

图 4-66　运动项目：足球

图 4-67　中国印 · 舞动的北京

7. 图 4-68 所示为落料冲孔件，材料为 Q235 钢，厚度为 1mm，其凹模外形尺寸如图 4-69 所示，为了保证落料冲孔件的质量，请确定凸模、凸凹模、凹模的刃口尺寸，编制电火花线切割程序，线切割加工制件的凹模并根据冲裁间隙配合线切割加工出凸凹模。

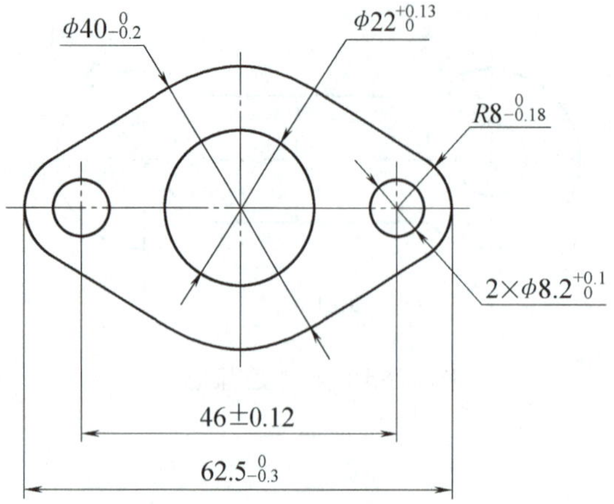

图 4-68　落料冲孔件

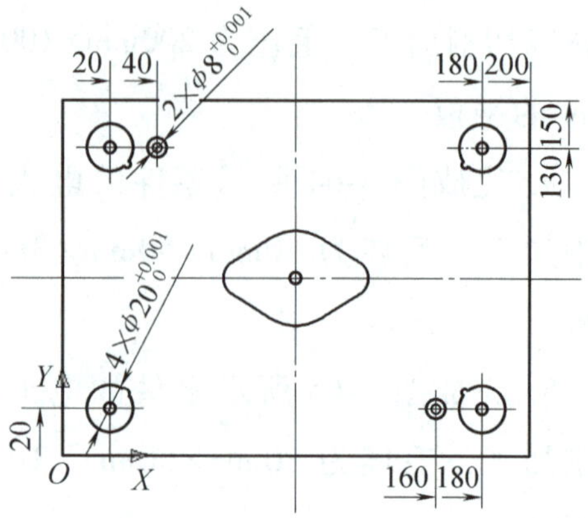

图 4-69　凹模

8. 已知凹形件如图 4-70 所示，制件材料为 10 钢。厚度 $t=1$mm，凸、凹模材料为 Cr12，凹形件的凹模如图 4-71 所示，请计算冲裁间隙、凸模的尺寸，编制凸模和凹模的电火花线切割程序并进行加工。

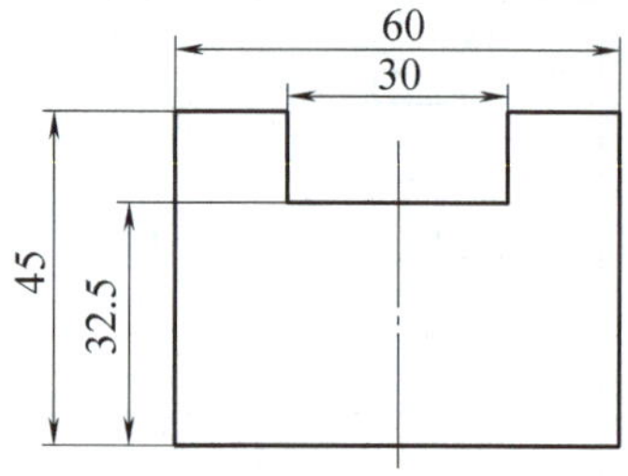

图 4-70　凹形件

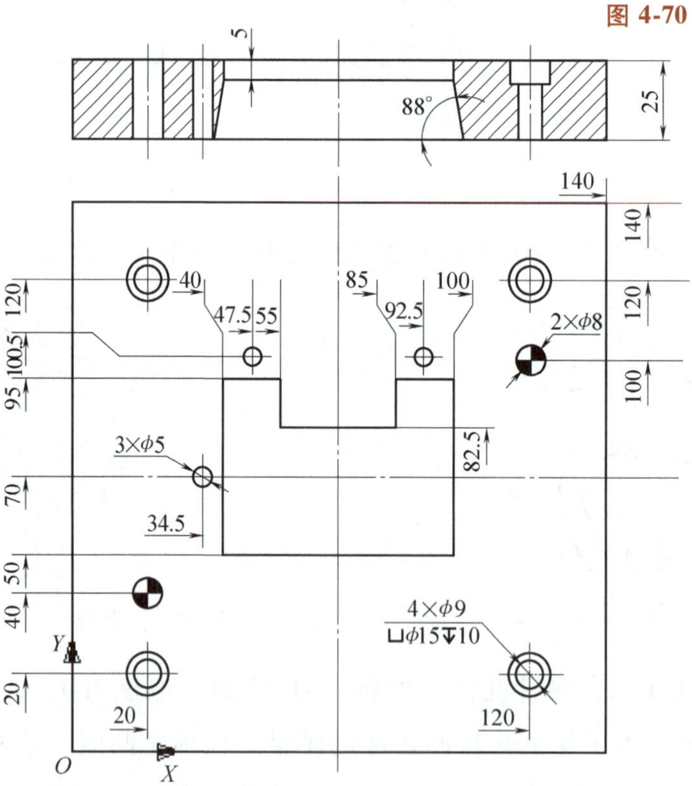

图 4-71　凹形件的凹模

项目五　电火花成形机床及操作

知识目标	1. 掌握电火花成形加工的基本原理、特点、应用。 2. 熟悉并掌握电火花成形机床的结构、组成、操作要点。
技能目标	1. 会安装电极、工件，能调整电极、工件的方位及位置。 2. 能熟练操作电火花成形机床。
素养目标	1. 具有团队合作、精益求精、实事求是的精神。 2. 具有分析问题、解决问题的能力。

电火花加工是一种加工工艺，主要是利用具有特定几何形状的放电电极在金属（导电）部件上烧灼出电极的几何形状。电火花加工工艺常用于型腔模的生产。利用火花放电时产生的腐蚀现象对材料进行尺寸加工的方法，叫电火花加工，它可以加工任何导电材料，与工件材料的强度和硬度等关系不大，因此可以用软的电极加工硬的工件，实现“以柔克刚”。

任务一　认识电火花成形机床

【任务引入】

观察图 5-1 所示塑料模具型腔镶块的内腔，能否用电火花线切割加工？如何加工成形？图 5-2 中电极零件的外形与型腔镶块的内腔有何异同？

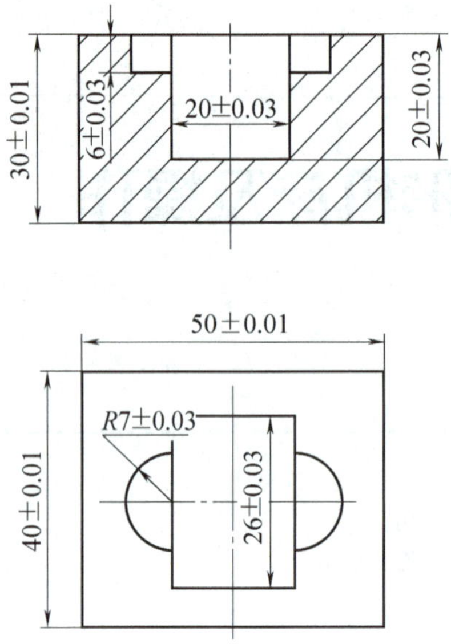

图 5-1 型腔镶块零件图

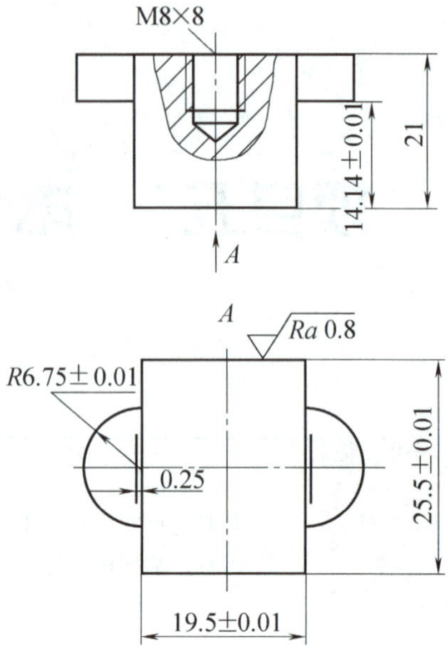

图 5-2 电极零件图

【任务内容】

一、电火花加工

1. 电火花加工原理

电火花加工又称放电加工，是利用工具电极和工件之间在一定工作介质中产生脉冲放电的电腐蚀作用而进行加工的一种方法。

工具电极和工件分别接在脉冲电源的两极，两者之间经常保持一定的放电间隙。工作液具有很高的绝缘强度，多数为煤油、皂化液和去离子水等。当脉冲电源在两极加载一定的电压时，工作介质在绝缘强度最低处被击穿，在极短的时间内，很小的放电区相继发生放电、热膨胀、抛出金属和消电离等过程。当上述过程不断重复时，就实现了工件的蚀除，以达到对工件的尺寸、形状及表面质量预定的加工要求。加工中工件和电极都会受到电腐蚀作用，只是两极的蚀除量不同，这种现象成为极性效应。工件接正极的加工方法称为正极性加工；反之，称为负极性加工。

电火花加工的质量和加工效率不仅与极性选择有关，还与电规准（即电加工的主要参数，包括脉冲宽度、峰值电流和脉冲间隔等）、工作液、工件、电极的材料、放电间隙等因素有关。电火花加工原理如图 5-3 所示。

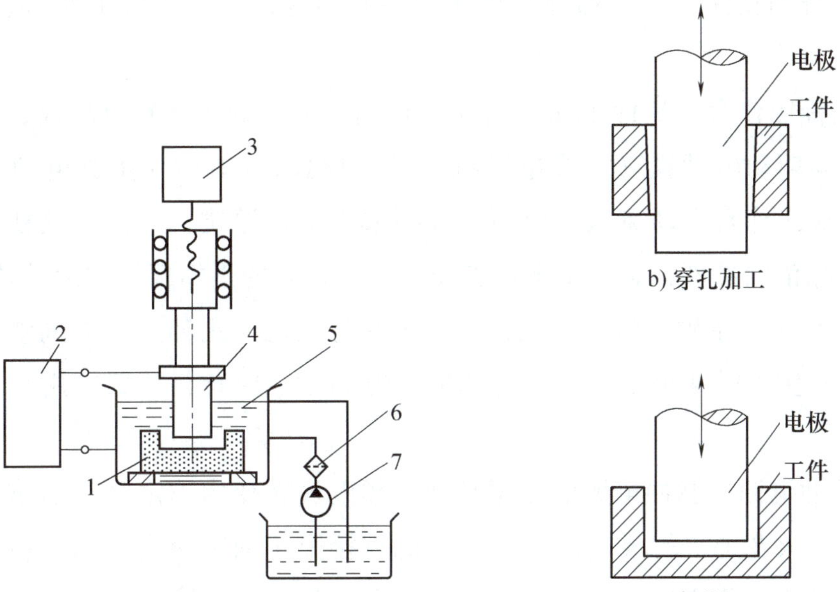

a) 电火花加工原理示意图　b) 穿孔加工　c) 成形加工

图 5-3　电火花加工原理

1—工件　2—脉冲电源　3—自动进给调节系统　4—工具电极　5—工作液　6—过滤器　7—工作液泵

2. 电火花成形机床的组成、主要规格及技术参数

目前我国国内制造和使用的电火花成形机床主要有单轴数控和三轴数控两类。最常见的为 DK71 系列，D 表示电加工机床，K 表示数控，71 表示电火花成形机床，最后面 2 位表示其工作台宽度，如 DK7140 表示机床工作台宽度为 400mm。

电火花成形机床主要由床身、立柱、坐标工作台、主轴头、脉冲电源、数控装置、工作液系统等组成，如图 5-4 所示。

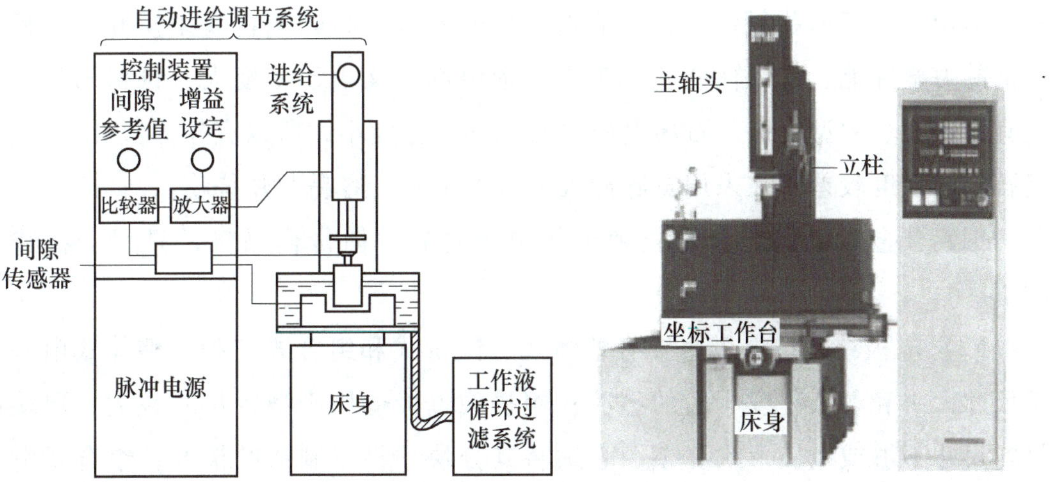

图 5-4　电火花成形机床

（1）床身和立柱　这一部分是机床的基础零件，用于安置工作台、主轴头、工作液箱等。

（2）坐标工作台　坐标工作台由安装台面、X向滑板、Y向滑板、导轨、进给丝杠、X向驱动电动机（步进电动机）、Y向驱动电动机（步进电动机）等部分组成。坐标工作台运动灵敏、轻巧，大都采用滚柱导轨，且传动丝杠和螺母之间设置有间隙消除部件，确保了坐标工作台具有很高的坐标精度和运动精度。

（3）主轴头　主轴头沿固定立柱实现Z坐标运动。主轴头上的调整夹头用于安装电极，夹头上的4个水平与竖直调节螺钉和2个回转调节螺钉用来调整电极的方位。

（4）脉冲电源　脉冲电源的作用是把工频电流转变为一定频率的单向脉冲电流，以提供电火花加工的放电能量。其性能直接影响加工速度、加工精度、表面质量和加工过程的稳定性等。目前使用比较多的是晶体管脉冲电源和晶闸管脉冲电源。

（5）数控装置　其作用是控制坐标运动、进给自动调节、加工过程等。

（6）工作液槽及工作液系统　工作液槽用于盛放工作液，加工时槽内工作液将工件、工具电极浸没。工作液槽还与工作液过滤箱连通，使槽内工作液得到过滤清洁，确保工作液处于不断的循环流动状态。工作液循环过滤系统包括工作液泵、容器、过滤器及管道等。工作液循环系统有两种工作方式，分为冲油式和吸油式，可根据加工需要进行选择。

3. 型腔电极

（1）电极的材料　型腔加工常用的电极材料主要是石墨和纯铜。纯铜组织致密，适用于加工形状复杂、轮廓清晰、精度要求较高的塑料成型模和压铸模，但纯铜的力学性能、加工性能差，难以成形磨削，又由于密度大，价格昂贵，所以不宜作为大、中型电极。石墨电极容易成形，密度小，所以宜作为大、中型电极，但石墨的强度较差，在采用宽脉冲大电流加工时，容易起弧烧伤。

铜钨合金和银钨合金是较理想的电极材料，但价格昂贵，只用于特殊型腔加工。

（2）电极结构　电极主要有整体式、镶拼式和组合式三种。整体式电极适用于尺寸大小和复杂程度一般的型腔；镶拼式电极适用于型腔尺寸较大、单块电极材料尺寸不够或电极形状复杂、必须将其分块才易于制造的情况；组合式电极适宜于一模多腔时采用，可以提高加工速度，简化各型腔之间的定位工序，易于保证型腔的位置精度。

(3) 电极尺寸确定　由于模具型腔加工普遍采用数控加工，电火花成形加工仅用来加工由于铣刀半径的原因无法加工到的部位，因此，确定电极尺寸时可不考虑加工型腔大小、电极损耗的影响，将型腔尺寸缩小一个放电间隙即可。目前，无论是石墨电极还是纯铜电极，普遍采用数控切削加工后经钳工修正、抛光的工艺方法。

二、电火花成形加工和电火花线切割加工的异同

1. 共同特点

1）二者的加工原理相同，都是通过电火花放电产生的热来熔解去除金属的，所以二者加工材料的难易与材料的硬度无关，加工中不存在显著的机械切削力。

2）二者的加工机理、生产率、表面粗糙度等工艺规律基本相似，可以加工硬质合金等一切导电材料。

3）最小角部半径有限制。电火花成形加工中最小角部半径为加工间隙，电火花线切割加工中最小角部半径为电极丝的半径加上加工间隙。

2. 不同特点

1）从加工原理来看，电火花成形加工是将电极形状复制到工件上的一种工艺方法，在实际中可以加工通孔（穿孔加工）和盲孔（成形加工）；而电火花线切割加工是利用移动的细金属导线（铜丝或钼丝）作为电极，对工件进行脉冲火花放电，切割成形的一种工艺方法。

2）从产品形状角度看，电火花成形加工必须先用数控加工等方法加工出与产品形状相似的电极；电火花线切割加工中产品的形状是通过工作台按给定的控制程序移动而合成的，只对工件进行轮廓图形加工，余料仍可利用。

3）从电极角度看，电火花成形加工必须制作成形用的电极（一般用纯铜、石墨等材料制作而成）；电火花线切割加工用移动的细金属导线（铜丝或钼丝）作为电极。

4）从电极损耗角度看，电火花成形加工中电极相对静止，易损耗，故通常采用多个电极加工；而电火花线切割加工中由于电极丝连续移动，使新的电极丝不断地补充和替换在电蚀加工区受到损耗的电极丝，避免了电极损耗对加工精度的影响。

5）从应用角度看，电火花成形加工可以加工通孔、盲孔，特别适宜加工形

状复杂的塑料模具等零件的型腔以及刻文字、花纹等；而电火花线切割加工只能加工通孔，能方便地加工出小孔、形状复杂的窄缝及各种形状复杂的零件。

任务二　电火花成形机床的基本操作

【任务引入】

电火花成形机床中电极及工件的位置如图 5-5 所示。试在电火花成形机床上正确装夹不同的电极及工件。

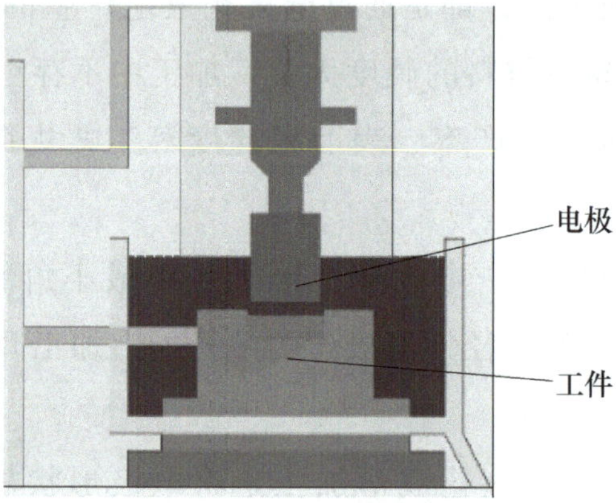

图 5-5　电火花成形机床

【任务内容】

一、电极装夹及找正

1. 装夹方式

根据所用电极的形状和尺寸选择电极装夹方式。

1）圆柱形电极可选用标准套筒夹具装夹，如图 5-6 所示。

2）直径较小的电极可用钻夹头装夹，如图 5-7 所示。

3）尺寸较大的电极可选用螺纹夹头装夹，如图 5-8 所示。

2. 找正方法

电极装夹后，需进行找正使其轴线与坐标工作台垂直。常用找正方法有精密角尺找正法和百分表找正法。

（1）用精密角尺找正　用精密角尺找正电极如图 5-9 所示。

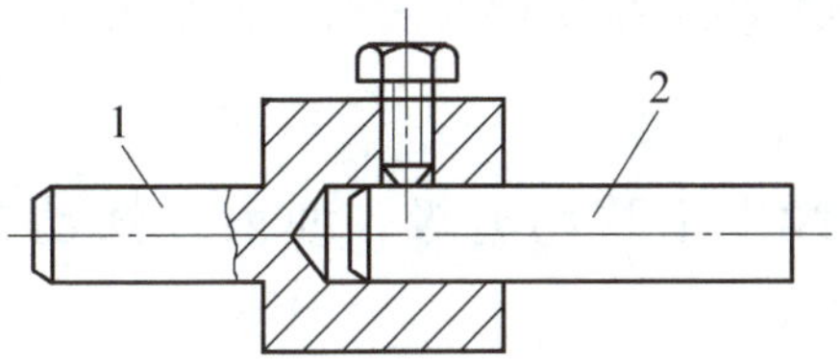

图 5-6　标准套筒夹具

1—套筒　2—电极

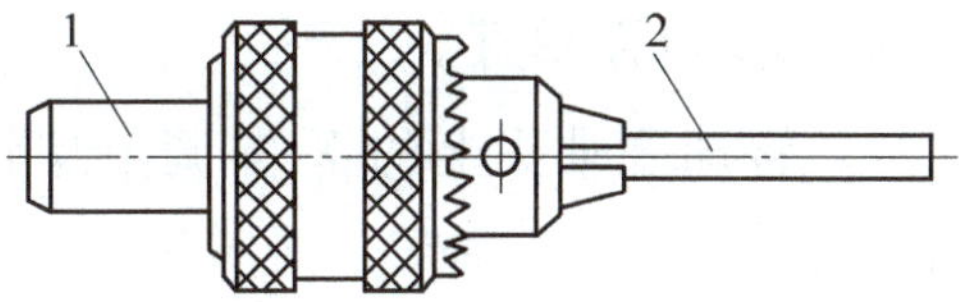

图 5-7　钻夹头

1—钻夹头　2—电极

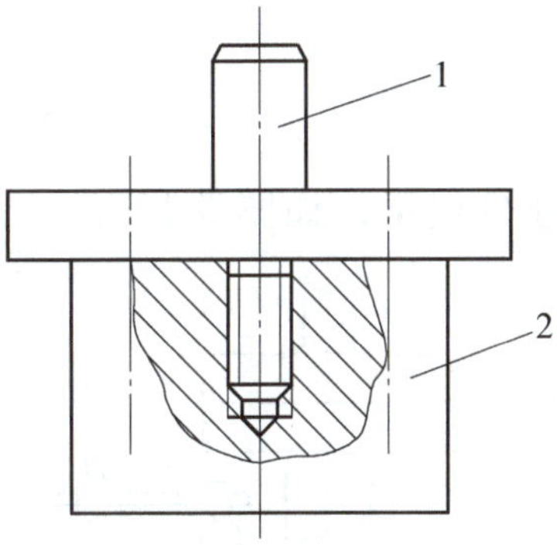

图 5-8　螺纹夹头

1—螺纹夹头　2—电极

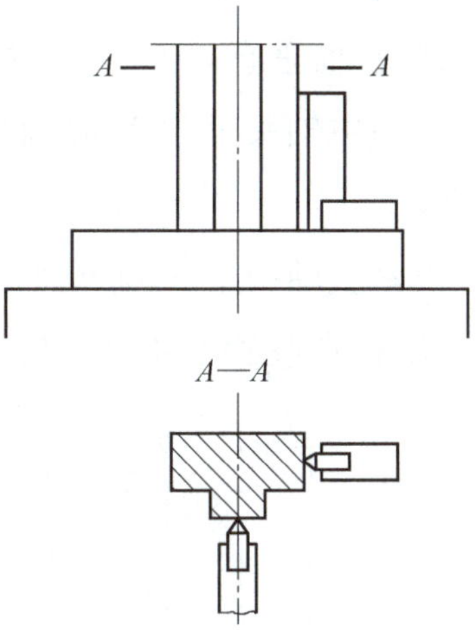

图 5-9　用精密角尺找正电极

1）手动控制移动电极靠近工件上表面。

2）将精密角尺沿 X 方向贴合在电极和工件表面。

3）根据精密角尺与电极之间的缝隙判断电极中心在 X 方向是否与坐标工作台面垂直。

4）转动主轴头上的 X 向调节螺钉，使电极与精密角尺贴合。

5）将精密角尺沿 Y 方向贴合在电极和工件表面。

6）根据精密角尺与电极之间的缝隙判断电极中心在 Y 方向是否与工作台面垂直。

7）转动主轴头上的 Y 向调节螺钉，使电极与精密角尺贴合。

8）锁紧主轴头上的调节螺钉。

（2）用百分表找正　用百分表找正电极如图 5-10 所示。

1）将百分表吸附在坐标工作台上，表针沿 X 方向垂直指向电极。

2）手动控制沿 X 方向移动电极，将表针压 2 圈左右。

3）手动控制上下移动主轴头，观察表针摆动，判断电极中心在 X 方向是否与坐标工作台面垂直。

4）转动主轴头上的 X 向调节螺钉，并继续上下移动电极，使表针摆动在允许范围之内。

5）移动百分表，使表针沿 Y 方向垂直指向电极。

6）手动控制沿 Y 方向移动电极，将表针压 2 圈左右。

7）手动控制上下移动主轴头，观察表针摆动，判断电极中心在 Y 方向是否与坐标工作台面垂直。

8）转动主轴头上的 Y 向调节螺钉，并继续上下移动电极，使表针摆动在允许范围之内。

9）锁紧主轴头上的调节螺钉。

对于没有直壁的工件可以根据电极的上平面进行找正，如图 5-11 所示。

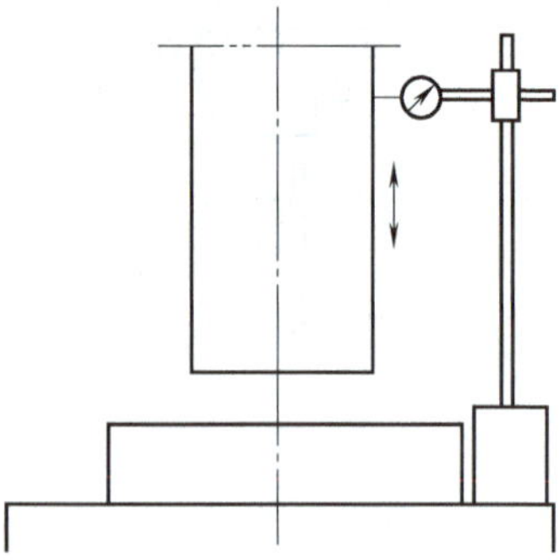

图 5-10　用百分表找正电极

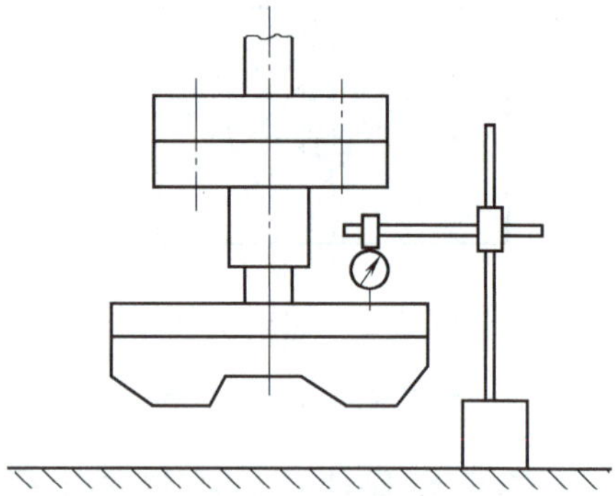

图 5-11　用百分表找正电极（没有直壁的工件）

找正电极时应注意的问题：

① 电极的找正精度应与加工精度相一致。

② 如果电极上无适合的表面进行找正，可以事先在电极上加工出找正基准面。

③ 必要时可以通过主轴头的回转调节螺钉调整电极绕 Z 轴的角度位置。

④ 由于电极差别较大，更换电极后都应进行找正。

二、工件的装夹

电火花成形加工时工件的装夹比较简单，一般用百分表找正工件位置后用螺钉压板压紧在坐标工作台上即可，具体方法如下：

1）擦净坐标工作台面和工件安装底面，将工件安放在坐标工作台面上。

2）将百分表座吸附在主轴头上，调整表头，将指针垂直压向工件基准面 2 圈左右。

3）手动控制坐标工作台移动，观察表针摆动。

4）调整工件位置，使百分表指针摆动在允许的范围内。

5）用压板压紧工件。

6）再用百分表找正一次，确认工件位置的正确度。

三、电极位置的调整

工件与电极在装夹找正后要确定两者之间的位置关系，并达到一定的位置精度要求。常用以下几种方法：

1. 划线法

按图样在工件两面划出型孔位置线，在沿线打样冲眼，根据划线目测确定电极位置。这种方法精度比较低。

2. 量块角尺法

如图 5-12 所示，用一精密角尺与工件的基准面贴合，然后在精密角尺与电极之间垫入尺寸分别为 x 和 y 的量块，x、y 分别为电极至工件两基准面的距离，手动控制坐标工作台移动，使电极与量块接触松紧适度。

3. 坐标法

坐标法的原理与量块角尺法相同，根据加工表面相对于基准面的坐标尺寸，借助机床坐标测量系统来调整电极的位置。

1）手动控制工作台 X 向移动（低速）碰工件侧面，在控制面板上将 x 设零。

2）电极升起到离工件上表面一定距离。

3）手动控制工作台 Y 向移动（低速）碰工件侧面，在控制面板上将 y 设零。

4）电极升起到离工件上表面一定距离。

5）将电极移动到坐标值为（x，y）的位置，x、y 分别为电极至工件两基准面的距离。如果考虑电极半径，则该位置为电极中心的位置。

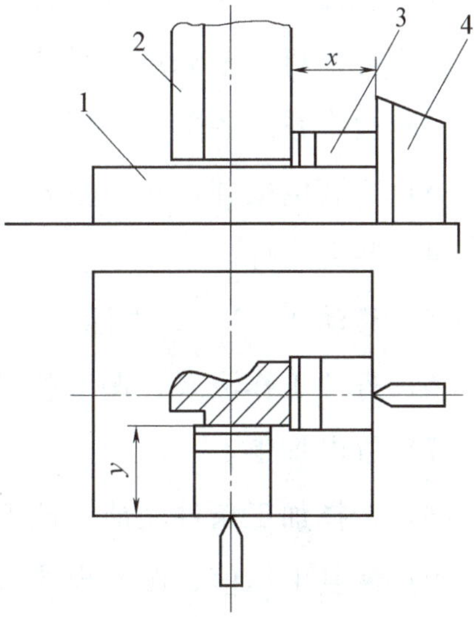

图 5-12　用量块和精密角尺定位

1—凹模　2—电极　3—量块　4—精密角尺

四、工作液循环调整

电火花成形加工时要根据工件加工特点合理选择工作液的工作方式，并进行相应控制。

1. 浸液方式

在模具型腔等大面积加工时，一般需要将工件完全浸泡在工作液中进行。应根据工件高度确定工作液的液面高度位置。放电加工前，调整工作液高度，使液面超过工件 30~100mm。

2. 冲液方式

当工件和电极不能开工作液孔时，调整工作液管对准工件，使工作液能喷射到加工部位，打开冲液阀门，调整冲液压力；当工件或电极上可以开工作液孔时，将工作液管连接到工件或电极的冲液接头上，打开冲液阀门，调整冲液压力。

3. 抽液方式

一般需要在工件或电极上加工工作液孔，或利用夹具设置抽液通道。先将抽液管与抽液接头连接，打开抽液阀门，调整冲液压力。

五、加工参数输入和修改

在加工过程中，修改调整各项加工参数并观察各项参数变化对加工过程的影响。可采用圆柱形电极，在实体材料上进行加工练习。

1）打开机床电源进入系统。

2）检查系统各部分是否正常，包括高额电压、工作液系统等的运行情况。

3）安装电极并进行方位找正操作。

4）装夹工件。

5）移动 X、Y、Z 坐标，调整电极处于适当位置。

6）打开工作液泵，调节喷嘴流量或调节控制液面高度。

7）放电加工。

8）选择加工条件功能，改变电压值，观察加工情况。

9）恢复电压值，改变电流值，观察加工情况。

10）恢复电流值，改变脉冲宽度值，观察加工情况。

11）恢复脉冲宽度值，改变脉冲间隔值，观察加工情况。

六、电火花成形加工操作步骤

加工前先准备好电极，工件毛坯，压板、夹具等装夹工具，然后按以下步骤操作：

1）打开机床电源进入系统。

2）检查系统各部分是否正常，包括高额电压、工作液系统等的运行情况。

3）编制加工程序。

4）安装电极并进行方位找正操作。

5）装夹工件。

6）移动 X、Y、Z 坐标，调整电极处于适当位置。

7）运行加工程序开始加工，调整加工参数。

8）监控运行状态。

【技能训练】

1. 电火花成形加工与电火花线切割加工的异同点是什么？图 5-13 所示是什么机床？

图 5-13　机床

2. 说明图 5-14 与图 5-15 所示工件采用的加工方法。

3. 装夹现有的电极及工件，采用电火花成形加工具有一定深度的型腔孔，调整机床的参数，观察加工变化情况。

图 5-14　工件（一）

图 5-15　工件（二）

项目六　型腔的电火花加工

知识目标	掌握型腔的加工方法。
技能目标	1. 会使用工量具,能熟练地操作电火花成形机床。 2. 能熟练地修改电火花成形机床的加工参数。 3. 能快速正确地进行电极、工件的装夹及找正。
素养目标	1. 具有安全生产、良好职业素养和良好的行为规范意识。 2. 具有读图识图、使用设备规范操作的能力。

型腔加工是模具加工的核心，主要用于成形外形表面，位置精度和表面质量要求较高，工作部分各表面需要进行研磨和抛光加工，并且型腔的种类、形状、大小均不同，特殊情况下表面还有商标、图案、花纹、文字等，因此给型腔模具的加工增加了难度。

任务　塑料盒模具型腔的电火花加工

【任务引入】

在型腔板上完成塑料盒模具型腔电火花加工，其实物图如图 6-1 所示，图样如图 6-2 所示。

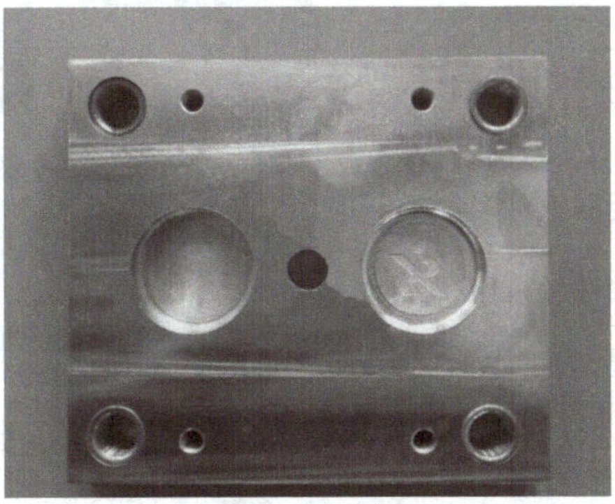

图 6-1　塑料盒模具型腔实物图

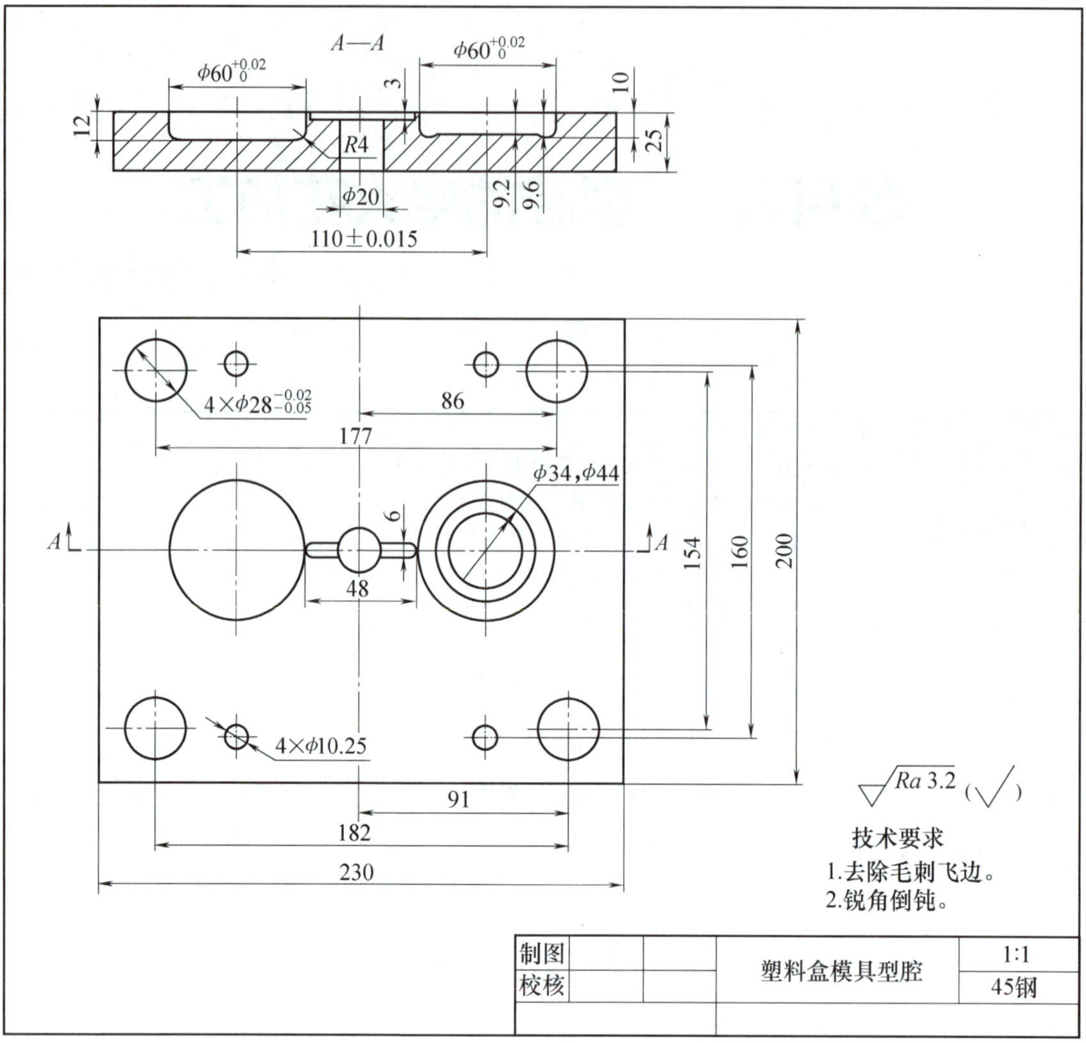

图 6-2　塑料盒模具型腔图样

【任务内容】

一、实训用设备及工量具

数控电火花成形机床、塑料盒模具型腔电极、百分表及表座、内六角扳手等。实训用工量具及型腔电极如图 6-3 所示。

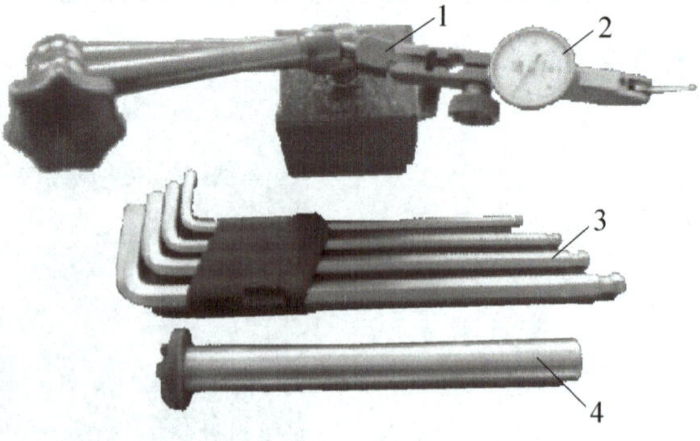

图 6-3　实训用工量具及型腔电极

1—表座　2—百分表　3—内六角扳手　4—型腔电极

二、操作步骤

塑料盒模具型腔加工步骤见表 6-1。

表 6-1　塑料盒模具型腔加工步骤

序号	操作步骤	备　注
1	接通机床电源,等待进入控制系统	打开急停开关,接通电源
2	按任意键进入系统控制界面	
3	按<F2>键进入手动移位状态	
4	装夹塑料盒模具型腔并找正	找正精度控制在 0.01mm 以内
5	装夹型腔电极并找正	找正精度控制在 0.01mm 以内
6	电极定位	采用"自动找中心"方式定位
7	编辑加工文件	合理选择加工参数
8	加工型腔	保证表面粗糙度值 $Ra \leqslant 3.2\mu m$
9	检查零件是否符合要求	
10	保养机床	

1）接通机床电源，等待进入控制系统。

2）按任意键进入主功能表界面，如图 6-4 所示。

3）按控制面板上的<F2>键进入手动移位界面，如图 6-5 所示。

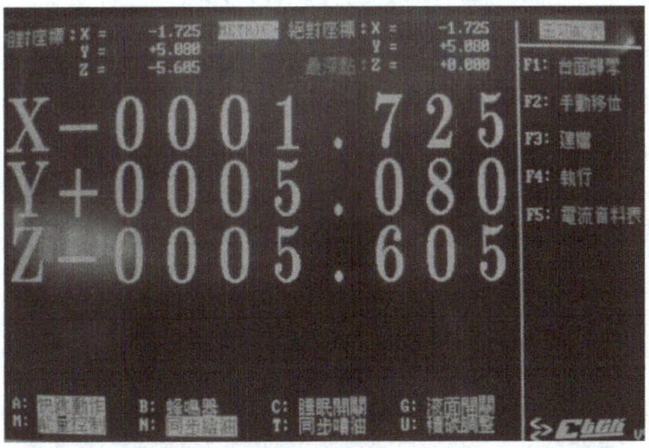

图 6-4　主功能表界面

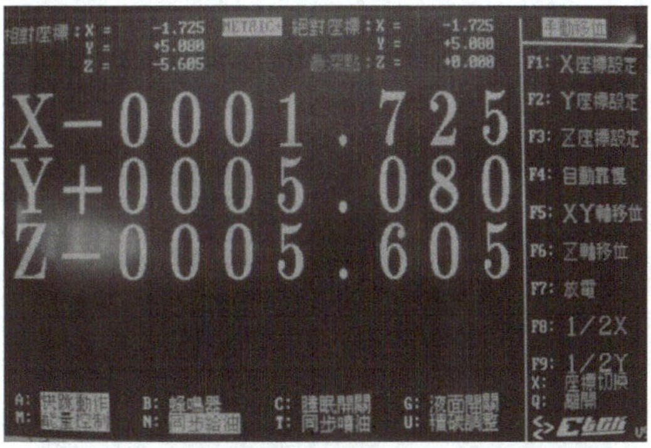

图 6-5　手动移位界面

4）装夹塑料盒模具型腔并找正。

① 将塑料盒模具型腔放置在磁力吸盘上并进行装夹，如图 6-6 所示。

② 沿 X 方向找正型腔，如图 6-7 所示。操纵手控盒移动机床使百分表测

头接触型腔后指针转动一圈，连续正方向移动 X 轴，观察百分表的指针转动情况。如果指针转动较多，则需要调整工件的装夹位置；如果指针转动较少（范围在 0.01mm 以内），则工件装夹较为合理，用内六角扳手拧紧磁力吸盘锁住工件。

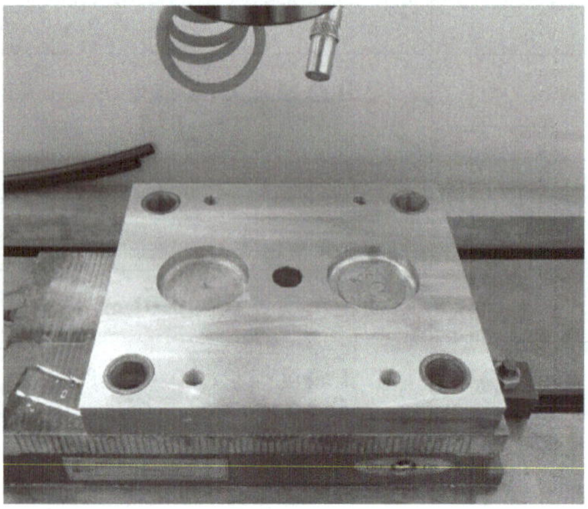

图 6-6 装夹型腔

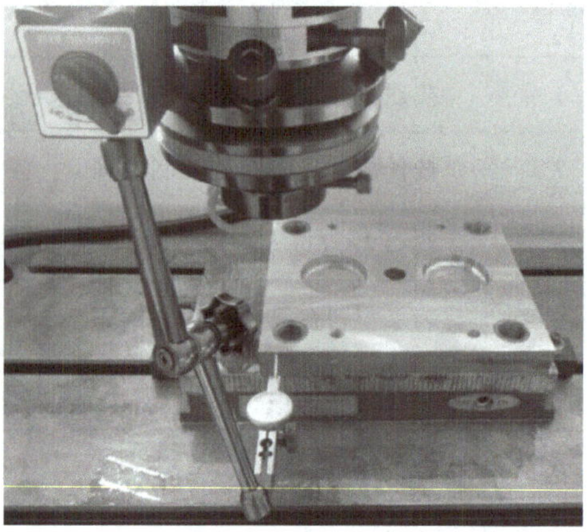

图 6-7 用百分表找正型腔

5）装夹型腔电极并找正。

① 用内六角扳手将型腔电极固定在机床的 Z 轴上，如图 6-8 所示。

② 用百分表找正型腔电极。

a. X 方向找正（图 6-9）。操纵手控盒移动机床使百分表测头与垫板上表面接触后指针转动一圈，沿正方向移动 X 轴，观察百分表的指针转动情况。如果指针转动较多，则调整 X 方向垂直调整螺栓（图 6-10）至指针转动范围在 0.01mm 以内，以保证 X 方向的电极底面与 XY 平面平行。

图 6-8 装夹型腔电极

图 6-9 X 方向找正

b. Y 方向找正（图 6-11）。操纵手控盒移动机床使百分表测头与垫板上表面接触后指针转动一圈，移动 Y 轴，观察百分表的指针转动情况。如果指针转动较多，则调整 Y 方向垂直调整螺栓（图 6-10）至指针转动范围在 0.01mm 以内，以保证 Y 方向的电极底面与 XY 平面平行。

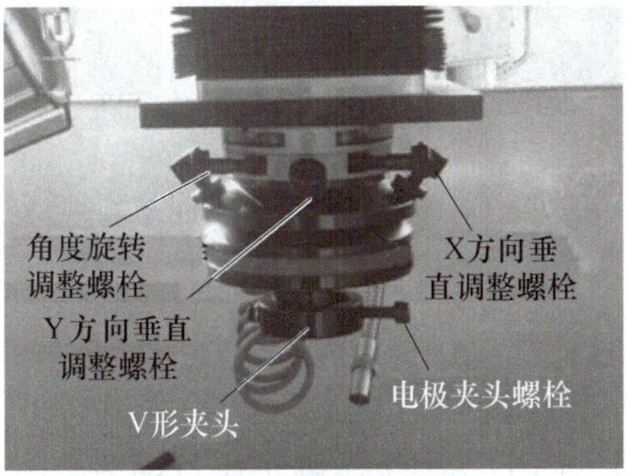

图 6-10　电极头

图 6-11　Y 方向找正

c. C 轴找正（图 6-12）。操纵手控盒移动机床使百分表测头与电极侧面接触后指针转动一圈，移动 X 轴观察百分表的指针转动情况。如果指针转动较多，则调整机床转头的角度旋转调整螺栓（图 6-10）至指针转动范围在 0.01mm 以内，以保证电极侧面与机床 X 轴平行。

6）电极定位。

① X 轴加工零点定位。在手动移位界面，操纵手控盒（图 6-13）上的相应按键移动电极至型腔内部（垫板上表面不高于分型面）。按<F4>键进入自动靠模状态，按<F1>键机床沿 X 轴正方向靠模（图 6-14），当电极与型腔接触后机床短路报警并停止动作，同时按<S/C>键与<X->键使电极离开型腔侧面；按<F1>键机

图 6-12　C 轴找正

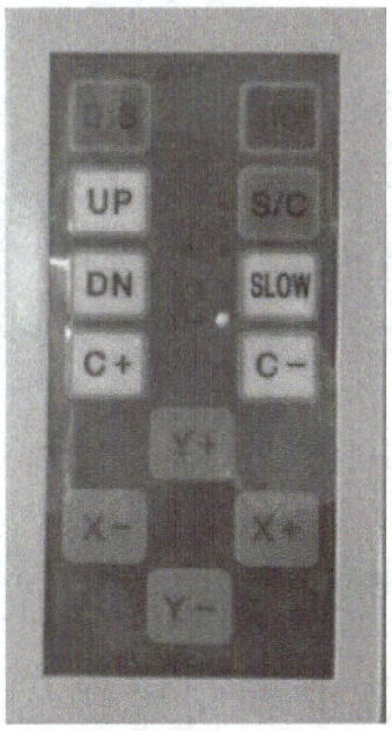

图 6-13　手控盒

图 6-14　X 轴正方向靠模

图 6-15　X 轴负方向靠模

床沿 X 轴负方向靠模（图 6-15），当电极与型腔接触后机床短路报警并停止动作，同时按<S/C>键与<X+>键使电极离开型腔侧面；按<F5>键机床自动移动到型腔 X 方向的中心，X 轴坐标自动清零。

② Y 轴加工零点定位。按<F2>键机床沿 Y 轴正方向靠模（图 6-16），当电极与型腔接触后机床短路报警并停止动作，同时按<S/C>键与<Y->键使电极离开型腔侧面；按<F2>键机床沿 Y 轴负方向靠模（图 6-17），当电极与型腔接触后机床短路报警并停止动作，同时按<S/C>键与<Y+>键使电极离开型腔侧面；按<F5>键机床自动移动到型腔 Y 方向的中心，Y 轴坐标自动清零。

图 6-16　Y 轴正方向靠模

图 6-17　Y 轴负方向靠模

③ Z 方向加工零点定位。按<F6>键机床自动沿 Z 轴正方向靠模（图 6-18），当电极与型腔上表面接触后机床短路报警并停止动作，Z 轴坐标自动清零，完成 Z 方向的加工零点定位操作，同时按<S/C>键与<UP>键使电极离开型腔上表面约

1mm，为零件加工做好准备工作。

7）编辑加工文件。

① 按两次<Q>键返回到主功能表界面，按<F3>键进入建档界面编辑加工文件（图 6-19）。按<F1>键编辑各参数：X 、Y 坐标均为零，按<F2>键可将 Z 坐标设为零（必须与 Z 轴副程式号码相对应），TIMS 设为 1，表示循环一次；设置好各参数后按<F5>键设定结束点为第一行（序号 1 前面有 E 表示结束点在当前行）。

图 6-18　Z 轴正方向靠模

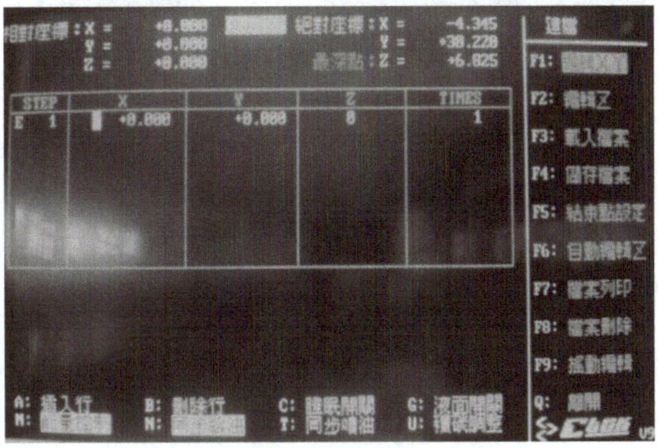

图 6-19　编辑 X、Y 参数

② 按<F2>键，参照图 6-20 设置各参数。其中 Z 轴副程式号码必须与图 6-19 中的 Z 值相同，否则不能调用所编辑的 Z 参数；按<Q>键返回到建档界面，按<F4>键输入档案号再按回车键存储该文件；按<Q>键返回到主功能表界面。

8）加工型腔。

① 按主功能表界面上的<N>键断开同步给油状态，机床自动抽取工作液。当工作液没过电极 50mm 时，再次按<N>键切换到同步给油状态。

抽取工作液时要检查机床左侧的吸油压力控制阀是否处于开的位置，加工液面回流控制把手是否处于关的位置（图 6-21），液面控制阀是否高于电极 50mm。

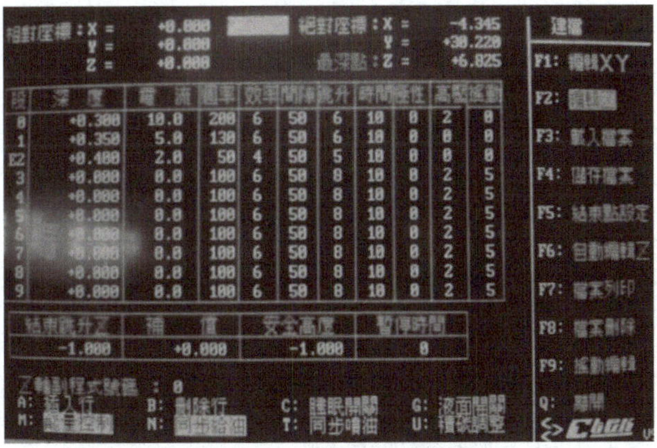

图 6-20　编辑 Z 参数

② 按<F4>键进入执行界面，按<F3>键选用连续加工模式执行加工程序，加工界面如图 6-22 所示。加工时可根据加工状态随时调整各加工参数（按显示器右

面的相应按键选择选项，按上下光标调整加工条件）；同时要经常观察加工液面，保证工作液高于电极 50mm。

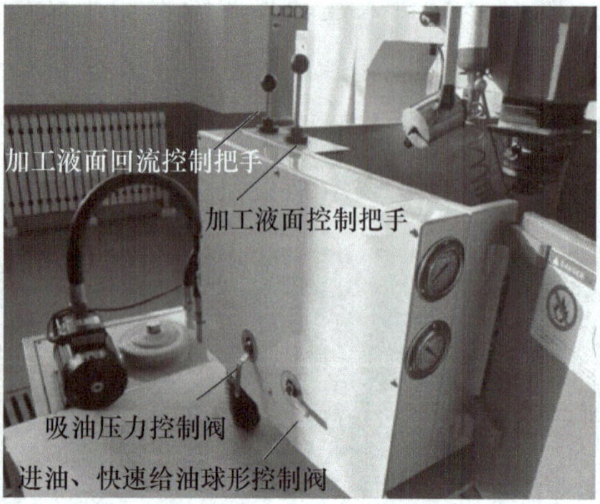

图 6-21　各控制开关

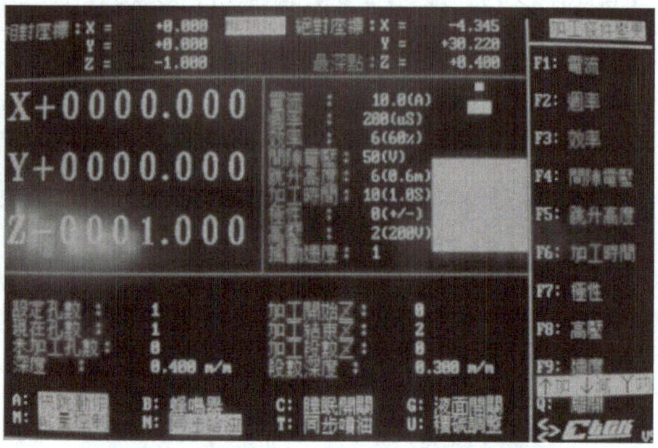

图 6-22　加工界面

9）检查零件是否符合要求。

10）保养机床。

① 机床复位。

② 机床转动部分必须每天加润滑油，转动较少部位加润滑脂。

③ 机床用毕擦拭干净加润滑油、防锈油。

三、评价标准

塑料盒模具型腔评价标准见表 6-2。

表 6-2　塑料盒模具型腔评价标准

<table>
<tr><th>序号</th><th colspan="2">考核内容</th><th>配分</th><th>扣分</th><th>得分</th></tr>
<tr><td>1</td><td colspan="2">工件找正操作熟练正确</td><td>15</td><td></td><td></td></tr>
<tr><td>2</td><td colspan="2">电极找正操作熟练正确</td><td>15</td><td></td><td></td></tr>
<tr><td>3</td><td colspan="2">电极中心定位操作正确</td><td>10</td><td></td><td></td></tr>
<tr><td>4</td><td colspan="2">加工参数设置正确</td><td>10</td><td></td><td></td></tr>
<tr><td>5</td><td colspan="2">零件加工正确</td><td>10</td><td></td><td></td></tr>
<tr><td>6</td><td colspan="2">加工工艺正确</td><td>10</td><td></td><td></td></tr>
<tr><td>7</td><td colspan="2">保养机床</td><td>10</td><td></td><td></td></tr>
<tr><td>8</td><td colspan="2">遵守电火花线切割机床安全操作规程</td><td>20</td><td></td><td></td></tr>
<tr><td rowspan="2">备注</td><td rowspan="2"></td><td>合计</td><td>100</td><td></td><td></td></tr>
<tr><td>教师签字</td><td></td><td></td><td></td></tr>
</table>

【技能训练】

一、填空题

1. 矢量化图形时，文件的类型有__________、__________、__________、__________、__________。

2. 矢量化时背景选择方式有__________、__________、__________。

3. 电火花成形加工中被加工的工件作为______电极，它接脉冲电源的______极，纯铜或石墨作为______电极，它接脉冲电源的______极。

4. 电火花成形机床主要由__________、__________、__________、__________等部分组成。

5. 电火花放电加工时工件和电极之间必须具有一定的__________，粗加工时较______，精加工时较______。

6. 电火花加工时选用的工作液具有一定的绝缘性能，一般称作__________，精加工时常选用__________、__________、__________作为工作液。

7. 在脉冲宽度一定的条件下，为了最大限度地提高加工速度，应在保证稳定加工的同时，尽量__________脉冲间隔时间。

二、操作练习

1. 按照以下要求完成零件的电火花加工。

孔与孔之间的距离为等距，Z 轴加工条件自定，每个孔的加工深度为 1mm，如图 6-23 所示。

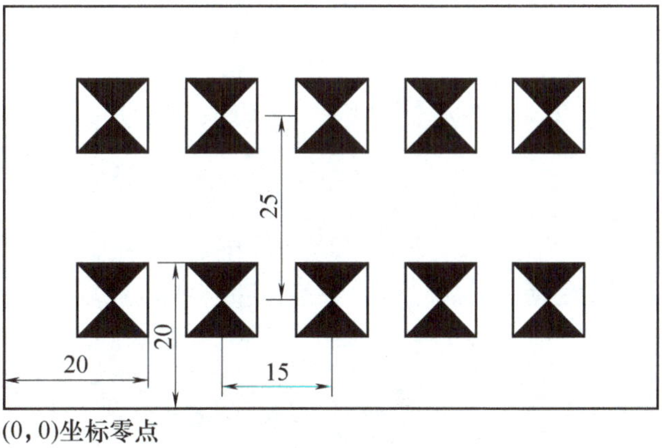

图 6-23　练习 1

2. 按照以下要求完成零件的电火花加工。

孔与孔之间的距离为等距，Z 轴加工条件自定，孔的加工深度从左到右依次为 1mm、1.2mm、1.4mm、1.6mm、1.8mm，如图 6-24 所示。

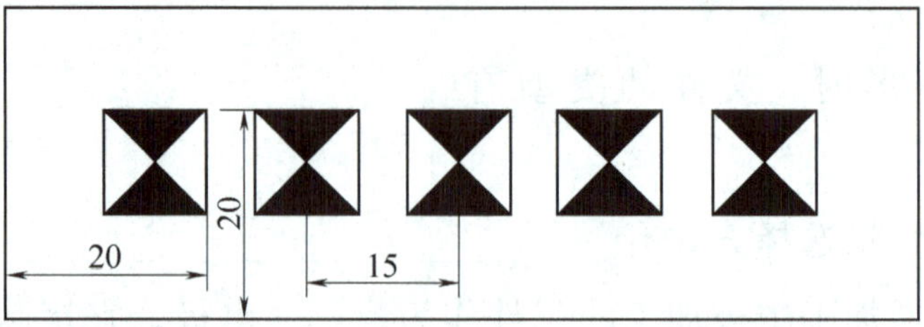

图 6-24　练习 2

项目七　超声加工

知识目标	1. 了解超声加工的基本原理、特点及应用。 2. 了解影响超声加工速度、加工精度和表面质量的因素及抛光工艺。
技能目标	1. 学会超声加工仪器的基本操作。 2. 能选用正确的频率和振幅进行实训生产。
素养目标	1. 具有自主钻研、爱岗敬业的工作精神。 2. 具有观察问题、分析问题、解决问题的能力。

传统的机械加工已有很久的历史，对人类的生产和物质文明产生了极大的作用。随着科学技术和生产发展的需要，零件形状越来越复杂，尺寸精度、表面粗糙度和某些特殊的要求越来越高，加工方法和加工方式也越来越多样化。

任务　认识超声加工

【任务引入】

图 7-1 所示为硬脆材料上的微孔。玻璃、石英、陶瓷、宝石、金刚石、各种半导体材料、淬火钢、硬质合金等硬脆材料（特别是不导电的硬脆材料），宜采用什么方法进行加工？

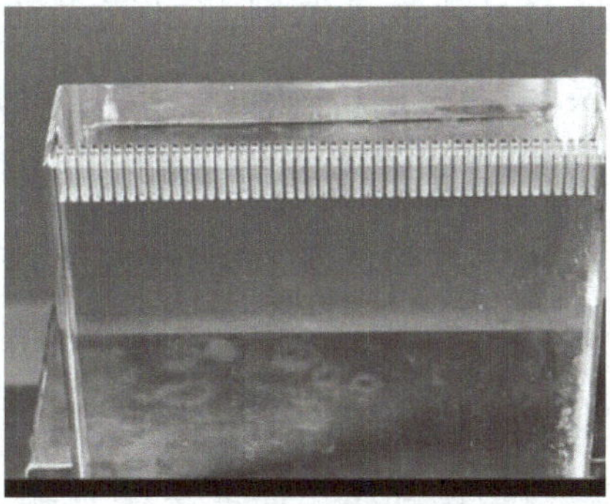

图 7-1　硬脆材料上的微孔

【任务内容】

超声加工是随着机械制造和仪器制造中各种脆性材料（如玻璃、陶瓷、半导体、铁氧体等）和难以加工材料（如高温及难熔合金、硬质合金等）的不断出现与应用而发展起来的新加工方法。超声加工比电火花加工、电解加工的生产率低，但加工精度和表面质量比后者好，并且能加工半导体材料和非导体材料。因此，一些精度要求高和表面粗糙度值要求小的淬火钢、硬质合金冲模、拉丝模、塑料成型模具等，一般先用电火花粗加工和半精加工，最后用超声加工进行抛磨精加工。超声加工是当前国内外模具行业广泛应用的制造技术之一。超声加工仪器如图 7-2 所示。

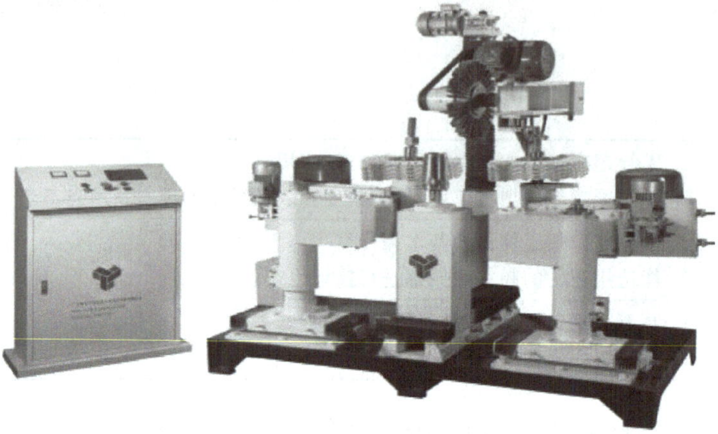

图 7-2　超声加工仪器

一、超声加工的基本原理和特点

超声加工是应用超声波能传递很强能量的特性，利用产生超声振动的装置，带动工具和工件之间的磨料悬浮液冲击和抛磨工件的被加工部位，使材料局部破坏而成粉末，以进行成形加工的方法。

1. 超声加工的基本原理

超声加工原理如图 7-3 所示，加工时工具以一定的静压力压在工件上，在工具和工件之间送入磨料悬浮液（磨料和水或煤油的混合物），超声换能器产生 16kHz 以上的超声频轴向振动，借助于变幅杆把振幅放大到 0.02～0.08mm，迫使工作液中悬浮的磨粒以很大的速度不断地撞击、抛磨被加工表面，把加工区域的材料粉碎成很细的微粒，并从工件上去除下来。工作液受工具端面超声频振动作用而产生的高频、交变的液压冲击，使磨料悬浮液在加工间隙中强迫循环，将钝

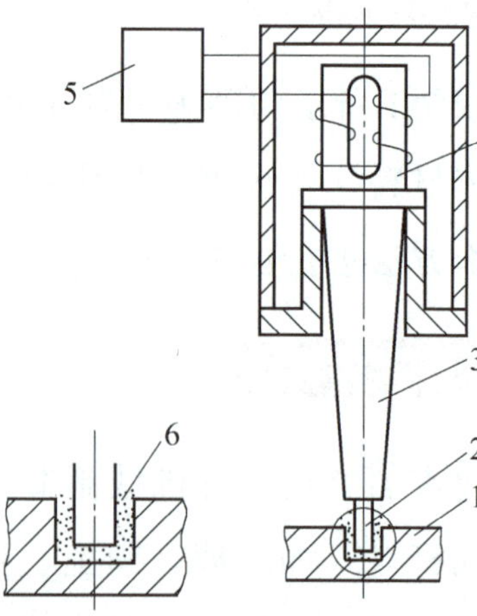

图 7-3　超声加工原理

1—工件　2—工具　3—变幅杆　4—换能器　5—超声发生器　6—磨料悬浮液

化后的磨料及时更新，并带走从工件上去除下来的微粒。随着工具的轴向进给，工具端部形状被复制在工件上。

由于超声加工基于高速撞击原理，因此越是硬脆材料，受冲击破坏作用也越大，而韧性材料则由于它的缓冲作用而难以加工。

2. 超声加工的特点

1）适合于加工硬脆材料（特别是不导电的硬脆材料），如玻璃、石英、陶瓷、宝石、金刚石、各种半导体材料、淬火钢、硬质合金等。

2）由于靠磨料悬浮液的冲击和抛磨去除加工余量，所以可采用比工件软的材料作为工具。加工时不需要使工具和工件做比较复杂的相对运动。因此，超声加工机床的结构比较简单，操作维修也比较方便。

3）由于去除加工余量靠磨料的瞬时撞击，工具对表面的宏观作用力小，热影响小，不会引起变形及烧伤，因此适合于加工薄壁零件及工件的窄槽、小孔。

超声加工的精度一般可达 0.01~0.02mm，表面粗糙度 Ra 值可达 0.63μm 左右，在模具加工中用于加工某些冲模、拉丝模以及抛光模具工作零件的成形表面。

二、影响加工速度、加工精度和表面质量的因素

1. 影响加工速度的主要因素

超声加工的加工速度（或生产率）是指单位时间内被加工材料的去除量，其单位用 mm^3/min 或 g/min 表示。相对其他特种加工而言，超声加工生产率较低，一般为 150mm^3/min。影响加工速度的主要因素有：

（1）工具的振幅和频率　提高振幅和频率，可以提高加工速度，但过大的振幅和过高的频率会使工具和变幅杆产生大的内应力，因而振幅与频率的增加受到机床功率以及变幅杆、工具材料疲劳强度的限制。通常振幅范围为 0.01~0.1mm，频率为 16~25kHz。

（2）进给压力　加工时工具对工件所施加压力的大小，对生产率影响很大。压力过小，则磨料在冲击过程中损耗于路程上的能量过多，致使加工速度降低；而压力过大，则使工具难以振动，并会使加工间隙减小，磨料和工作液不能顺利循环更新，也会使加工速度降低。最佳压力值与工具形状、材料、工具截面面积、磨粒大小等因素有关，所以一般在加工过程中应根据加工情况进行调整。

（3）磨料悬浮液　磨料种类、磨料硬度、磨料粒度、磨料和液体的比例及悬浮液本身的黏度等对超声加工都有影响。磨料硬、磨粒粗，则生产率高，但在选

用时还应考虑经济性与表面质量要求。一般用碳化硼、碳化硅加工硬质合金，用金刚石磨料加工金刚石和宝石材料，用刚玉磨料加工玻璃、石英、半导体材料。最常用的工作液是水，磨料与水的较佳配比（重量比）为0.8~1。为了提高表面质量，有时也用煤油或机油作为工作液。

（4）被加工材料　超声加工适合于加工脆性材料，材料越脆，承受冲击载荷的能力越差，越容易被冲击碎除，即加工速度越快。如以玻璃的可加工性作为标准，为100%，则硬质合金为2%~3%，淬火钢为1%，而锗、硅半导体单晶为200%~250%。

除此之外，工件加工面积、加工深度、工具面积、磨料悬浮液的供给及循环方式对加工速度也都有一定影响。

2. 影响加工精度的主要因素

超声加工精度较高，可达0.01~0.02mm，一般加工孔的尺寸精度可达±（0.02~0.05）mm。超声加工的精度除受机床、夹具精度影响外，主要与工具制造及安装精度、工具的磨损、磨料粒度、加工深度、被加工材料性质等有关。

工具安装时，要求工具质量中心在整个超声振动系统的轴线上，否则在其纵向振动时会出现横向振动，破坏成形精度。

工具的磨损直接影响圆孔及型腔的形状精度。为了减少工具磨损对加工精度的影响，可将粗加工和精加工分开，并相应地更换磨料粒度，还应合理选择工具材料。对于圆孔，采用工具或工件旋转的方法，可以减少圆度误差。

3. 影响表面质量的主要因素

超声加工可获得较好的表面质量，表面层无残余应力，不会产生表面烧伤与表面变质层，表面粗糙度 Ra 值可达0.63~0.08μm。

加工表面质量主要与磨料粒度、被加工材料性质、工具振动的振幅、磨料悬浮液的性能及其循环状况有关。当磨粒较细、工件硬度较高、工具振动的振幅较小时，被加工表面的表面粗糙度值较小，但加工速度也随之下降。工作液的性能对表面粗糙度的影响比较复杂，用煤油或机油作为工作液可使表面粗糙度值变小。

三、工具设计

工具的结构形状和尺寸取决于被加工表面的形状和尺寸。工具的结构尺寸、质量大小与变幅杆的连接好坏，对超声振动系统的共振频率和工作性能影响较大。工具的形状、尺寸和制造质量，对零件的加工精度有直接影响。通常取工具直径

D_t 为：

$$D_t = D - 2d$$

式中，D 为加工孔径；d 为磨料基本磨粒的平均直径。

加工深孔时，为减小锥度，工具后端直径可比前端直径稍小些或稍带倒锥。

当工具横截面面积比变幅杆输出端横截面面积小很多，且工具连接到变幅杆上对超声系统共振频率影响不大时，可取工具长度 $L_{max}<\lambda/4$（λ 为工作频率下工具中的声波波长），变幅杆的长度不减短。

当工具横截面面积与变幅杆输出端横截面面积相差不大时，仍取 $L_{max}<\lambda/4$，变幅杆长度应减短，变幅杆减短部分的质量等于工具质量。

对于深孔加工，可取工具长度 $L=\lambda/2$。

通常采用 45 钢和碳素工具钢作为工具材料。

工具与变幅杆的连接必须可靠，连接面要紧密接触，以保证声能有效传递。按工具断面尺寸大小可分别采用螺纹连接或焊接。对于一般加工工具，通常采用锡焊，以便于工具制造和更换。

四、超声抛光

超声抛光是超声加工的一种形式。它是由振动工具推动磨粒冲击工件表面，从而减小被加工表面的表面粗糙度值、提高加工精度的有效方法。超声抛光特别适用于硬度高、形状复杂、带有窄缝和深槽的型腔表面，抛光时阻力小，精度高。它是一种缩短模具制造周期、提高质量、减轻劳动强度的模具型腔光整加工工艺。其工艺过程如下：

1. 抛光前工件的准备

型腔抛光前，要应用其他加工方法先加工出符合图样形状、尺寸要求的型腔（留抛光余量）。型腔抛光的加工余量与抛光前被抛光表面的质量及抛光后的表面质量要求有关。如电火花加工后的模具型腔表面，其最小抛光余量应大于电火花加工后表面电蚀凹坑深度或加工变化层厚度，以便将热影响层去除。所以，用粗规准进行电火花加工后的表面抛光余量为 0.15mm 左右，用精规准加工后的表面抛光余量为 0.02～0.05mm。对要求较高的型腔抛光前的表面粗糙度 Ra 值应达到 1.25～2.5μm。

2. 抛光工具的制造及装夹

对于已制造好的工具可用粘合、焊接或机械固定的方式将其固定在变幅杆端部。机械固定时，要将各接触面用凡士林油密封。

3. 抛光磨料、工作液的配制

磨料的种类、颗粒的直径和磨料悬浮工作液的成分，对抛光速度和抛光后的精度及表面粗糙度有着直接影响。一般磨料颗粒粒径越小，被抛光物的精度就越高，表面粗糙度值就越小；磨料硬度高，颗粒粗，则抛光速度就快。在加工硬度不高的工件时，可用碳化硼或碳化硅作磨料。加工硬度很高的工件时，可用人造金刚石作为磨料。

粗抛光时可用水作为工作液；精抛光时可用煤油或机油作为工作液。磨料和工作液的质量比为 0.5∶1。

4. 抛光工序

抛光工序可分为粗抛光和精抛光两个阶段。

粗抛光时，为了提高抛光速度，常选择较高的抛光速度、频率和振幅，选择较大的静压力、硬质的磨料和较粗的颗粒。以水为工作液抛光时，一般情况下抛光速度可达 $10\sim15\mathrm{cm^2/min}$。

精抛光时，选用的磨料颗粒较细，选择较小的振幅和静压力进行抛光。为防止工具对型腔表面产生划痕，一般对木质工具用药棉或尼龙试纸点在工具端部，醮以微粉作为磨料进行抛光。抛光时用煤油作为工作液或干抛，精抛光后的表面粗糙度 Ra 值可达 0.63~0.08μm，抛光后的尺寸误差可控制在 0.1mm 以内。

【技能训练】

举例说明超声加工的特点及应用。

项目八　电化学加工

知识目标	1. 了解电化学加工的基本原理、特点及应用。 2. 了解电解液的种类及选择。 3. 了解电铸加工的基本原理、特点及应用。
技能目标	1. 掌握电化学加工设备的使用。 2. 能准确选用电解液进行加工。
素养目标	1. 具有安全文明生产和遵守操作规程的意识。 2. 具有信息交流和团队协作能力。

电化学加工是利用电化学作用为基础对金属材料进行加工的方法，与机械加工相比，电化学加工不受材料硬度、韧性的限制，已广泛应用于工业生产中。

任务　认识电化学加工

【任务引入】

图 8-1 和图 8-2 所示为电化学加工后的零件，分别说明用哪种电化学加工方法。

图 8-1　零件清洗前后对比图

图 8-2　零件镀镍前后对比图

【任务内容】

电化学加工（Electrochemical Machining，ECM）是特种加工的一个重要分支，目前已成为一种较为成熟的特种加工工艺，被广泛应用于众多领域。

目前，电化学加工已广泛应用于模具的加工制造之中。按其作用可分为三大类。第一类是利用电化学阳极溶解来进行加工，如电解加工、电解抛光等。第二类是利用电化学阴极沉积来进行加工，如电镀、电铸等。第三类是将电化学加工和其他加工方法相结合的电化学复合加工，如电解磨削、电化学阳极机械加工等。本任务主要介绍有关模具型腔的电化学加工制造技术。

一、电解加工

1. 电解加工的基本原理、特点及适用范围

（1）电解加工的基本原理　电解加工是利用金属在电解液中发生电化学阳极溶解的原理，将工件加工成形的一种工艺方法。图 8-3a 所示为电解加工原理图，它是在工件和工具电极之间接上直流稳压电源，工具电极接负极（阴极），工件接正极（阳极），工件和工具电极之间保持一定的间隙（0.1～1mm），在间隙中通过具有一定压力（0.49～1.96MPa）和速度（可达 75m/s）的电解液；当工具电极以一定的进给速度（一般为 0.4～1.5mm/min）向工件靠近，并在两极之间接上直流电压（6～24V），则工件表面和工具电极之间距离最近的地方，通过的电流密度可达 10～70A/cm^2，产生阳极溶解，金属变成氢氧化物沉淀后被电解液冲

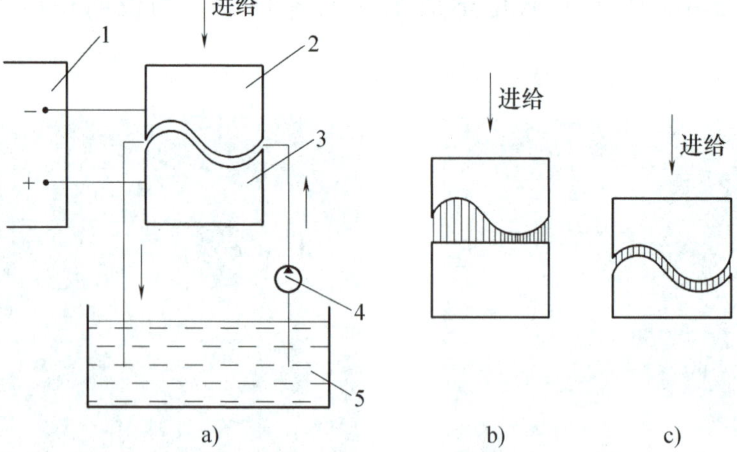

图 8-3　电解加工原理

1—直流电源　2—工具电极　3—工件　4—泵　5—电解液

走。如图 8-3b 所示，由于阳极、阴极之间各点的距离不等，所以电流密度也不相等，工件表面上产生的阳极溶解速度也不同，在距阳极距离最近的地方电流密度大，阳极溶解的速度最快。随着工具电极不断进给，电蚀物不断被电解液冲走，工件表面不断被溶解，最后使电解间隙逐渐趋于均匀，工具电极的形状被复制在工件上。如图 8-3c 所示，在工件上加工出与工具电极相反形状的型腔。

（2）电解加工的特点

1）生产率高。电解加工型腔比电火花加工型腔生产率高 4 倍。

2）应用范围广。电解加工可加工高硬度、高强度等难于切削加工的金属材料。

3）加工范围广。电解加工可适用于加工易变形零件，因为加工中无切削力存在，加工后无残余应力。

4）加工精度高。电解加工的尺寸精度平均可达±0.1mm 左右，表面粗糙度 *Ra* 值可达 1.25~0.2μmm。

5）工具电极不损耗，可长期使用。

6）电解液对设备和工装有腐蚀作用，电解产物处理不好易造成污染环境。

（3）电解加工的适用范围　采用电解加工模具型腔，加工效率高，表面粗糙度值较小，但尺寸精度不高，电极设计与制造周期长，投资大，所以电解加工适用于批量较大而尺寸精度要求不是很高的型腔加工，也较适用于大型模具型腔的加工。

2. 电解液及其选择

在电解加工过程中，电解液除了传递电流使工件进行阳极溶解外，还可以破坏阳极表面上形成的钝化薄膜，并把电解产物及热量从加工区域带走。目前最常用的电解液有 $NaCl$、$NaNO_3$ 两种。

（1）$NaCl$ 电解液　$NaCl$ 电解液含有活性氯离子（Cl^-），阳极表面不易生成钝化膜，具有较大的蚀除速度，没有析氧等副反应。电流效率高，表面粗糙度值小。$NaCl$ 是强电解质，在水溶液中可完全电离，导电能力强，适用范围广，价格低，来源充足，是应用最广泛的电解液。但其复制精度较低，适用于加工精度低而加工面积大的模具型腔。

一般配制 $NaCl$ 电解液的浓度在 20%以内，加工碳钢及合金模具钢的浓度常选用为 7%~18%。当要求复制精度较高时，可采用较低的浓度。

常用的电解液温度为 25~35℃，但加工钛合金时，电解液温度必须在 40℃

以上。

（2）$NaNO_3$ 电解液　它的主要优点是散蚀能力比 NaCl 电解液小得多。加工时在阳极表面形成钝化膜，虽有电流通过，但阳极并不溶解，只有加工间隙很小而电流密度较大时，钝化膜才被破坏而工件被蚀除，所以它成形精度高，但其电流效率低，生产率也低。另外，它对机床设备腐蚀小，使用安全，价格较低。加工时阳极有氨气析出。它适用于加工精度高而加工面积小的模具型腔。

3. 工具电极设计与制造

（1）电极材料　电解加工的电极材料应具备电阻小、耐蚀性好、机械加工性好、导热性好和熔点高等条件。满足这些条件的材料主要有黄铜、纯铜和不锈钢等。

（2）电极尺寸确定　设计电极时，一般是先根据被加工型腔尺寸和加工间隙来确定电极尺寸，再通过工艺试验对电极尺寸、形状加以修正，以保证型腔电解加工的精度。

二、电解抛光

1. 电解抛光的基本原理及特点

（1）电解抛光的基本原理　电解抛光也是利用电化学阳极（正极）溶解的原理，对金属表面进行加工的一种表面加工方法。如图 8-4 所示，电解抛光时，工件接直流电源的正极，工具电极接负极，两极之间保持一定的间隙。当直流电路接通后，工件的表面发生电化学溶解，形成一层被正极溶解的金属和电解液组成的黏膜。黏膜的厚度越高，电导率就越低，工件的表面微观几何形状凹凸不平，因此在凸出的地方黏膜薄，电阻较小；在凹的地方黏膜较厚，电阻较大；凸的地方比凹的地方电流密度大，正极溶解速度快，而凹的地方则几乎不发生阳极溶解。经过一段时间之后，凸出的地方被溶解，凸出高度降低并趋于平整，被加工表面的表面粗糙度值显著减小，最后达到抛光的目的。

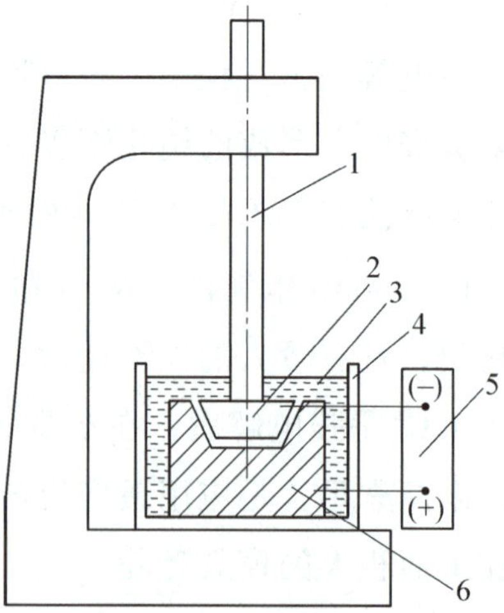

图 8-4　电解抛光示意图

1—主轴　2—工具电极　3—电解液　4—电解液槽　5—电源　6—工件

（2）电解抛光的特点

1）加工效率高。加工速度一般与所要去除

的加工余量有关，而与加工面积关系不大，加工余量为0.10~0.15mm时，电解抛光的时间为10~15min。

2）电解抛光后，对型腔表面粗糙度值要求不太小的模具可直接应用于生产。对型腔表面粗糙度值要求较小的模具，经电火花加工后用电解抛光去除硬化层，减小表面粗糙度值后，再进行手工抛光，可大大缩短模具制造周期。

3）经电解抛光后的表面易形成致密、牢固的氧化膜，可提高型腔表面的耐腐蚀能力，而且不产生表面残余应力。

4）电解抛光可以对淬火钢、耐热钢、不锈钢等各种高硬度和高强度的材料进行加工。

2. 电解抛光工艺

电解抛光的一般工艺过程为：①制造工具电极；②对成形表面进行化学去油、清洗等预处理；③电解抛光；④对成形表面进行清洗、钝化、干燥等后处理；⑤钳工精修成形表面。

（1）工具电极的制造　工具电极常用铅、铜等材料制造。工具电极的形状与模具零件的成形表面相似，尺寸则比成形表面缩小5~10mm。对于复杂型腔，可将铅加热熔化后浇注在型腔内，冷却后进行均匀缩小加工。对于铜材料电极可用数控铣削加工。

（2）抛光前的预处理　为了保证抛光质量，必须在抛光前对工件及工具电极进行去油脂处理。一般先用有机溶剂（如汽油、二氯乙烷等）进行清洗后再进行电解去油。

3. 电解抛光的操作工序

1）工具电极安装在主轴上，工件装夹在电解液槽内，工具电极与工件表面之间保持5~10mm的间隙，工具电极与工件分别接直流电源的负极和正极。

2）将电解液装入电解液槽内，电解液的液面高过工件上平面15~20mm，并将槽内的电解液加热、保持至所需的工作温度。

3）调整好电解抛光的工艺参数，进行电解抛光。一般直流工作电压为50V左右，电流密度为1~1.2A/cm^2，以此计算直流电源的总电流。加工时槽内电解液温度过高时，应不断补充新的电解液。经常进行搅拌，可以排出抛光过程中产生的气泡，使其及时离开阳极表面，确保电解抛光的顺利进行。阴极定时抬升则达到交换和搅拌电解液的作用，一般在抛光2~3min后应抬升一次。

4）电解抛光的后处理。电解抛光结束后，应立即取出工件。先将工件用流动的热水进行冲洗，再放在温度为70~95℃、质量分数为10%的NaOH溶液中浸没10~20min。这样可提高金属表面上钝化膜的致密度，提高抗腐蚀能力。最后用冷水冲洗干净，待干燥后涂上防锈油脂。

三、电铸加工

电铸加工是利用电化学反应中的阴极沉积现象来进行成形加工的一种工艺方法。电铸加工就是使金属离子还原沉积在预先按型腔大小和形状制作的型芯（阴极）表面上，然后将铸壳和型芯分开镶入模套而成为所需要的型腔。

电铸和电镀的基本原理相同，但它们又有显著的不同之处。电镀的目的是：对表面进行装饰、防腐蚀处理，镀层厚度为0.02~0.05mm，表面要求平整、光亮，无严格的尺寸精度要求，镀层和基体的结合要牢固。电铸的目的则是：复制形腔，用于成形加工，铸层厚度为0.05~6mm，有形状、尺寸精度要求，电铸层和基体（型芯）的结合不牢固而且还必须分离等。

1. 电铸加工的基本原理、特点及应用

（1）电铸加工的基本原理　电铸加工原理如图8-5所示，用可导电的型芯作为阴极，电铸材料作为阳极，用电铸材料的金属盐溶液作为电铸液。在直流电源的作用下，金属盐中的金属离子在阴极获得电子沉积镀覆在型芯（阴极）表面上，阳极的金属原子失去电子而成为正的金属离子，源源不断地补充到电铸液中，使电铸液的浓度保持基本不变。当型芯上的电铸层达到所需要的厚度时取出，将电铸层与型芯分离，即获得与型芯型面凸、凹相反的电铸型腔。

（2）电铸加工的特点

1）仿形精度高。它能准确、精密地复制形状复杂的型腔，尺寸精度高、表面粗糙度值小（$Ra=0.1\mu m$）。用一个型芯可生产形状、尺寸一致的多个型腔。

2）操作工艺容易，应用设备简单。

3）电铸速度慢。电铸件的尖角或凹槽部位的电铸层厚度不均匀，大而薄的型腔易变形。

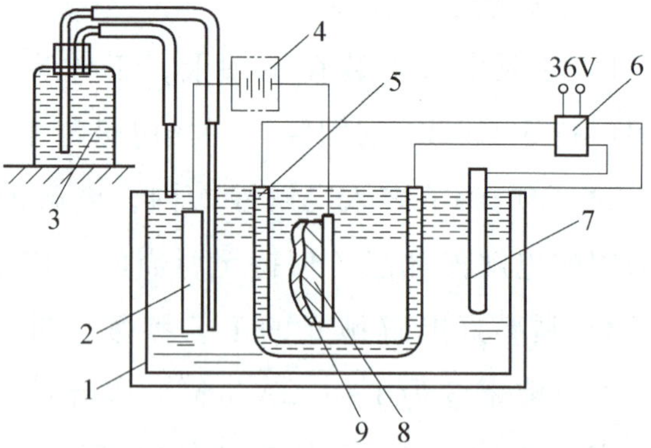

图8-5　电铸加工原理

1—电铸槽　2—阳极　3—蒸馏水瓶　4—直流电源　5—加热管　6—恒温装置　7—温度计　8—母模（阴极）　9—电铸层

(3) 电铸加工的应用　由于电铸型腔的强度不高，一般为 1.4~1.6MPa，硬度较低，一般为 35~50HRC，用来制造受力较大的模具型腔尚有一定困难。目前，电铸加工主要用于较小塑料注射模的型腔，如笔杆、笔套、吹塑制品、搪塑玩具、工艺制品及电火花型腔加工的工具电极等。

2. 电铸加工的基本设备

电铸加工的基本设备有电铸槽、直流电源、搅拌和循环过滤系统及加热和冷却装置。

(1) 电铸槽　它是由橡胶或塑料等耐腐蚀的材料作为衬里、外边为金属材料制成的容器，小型的可用陶瓷、玻璃或搪瓷制成，其形状、尺寸视工件大小而定。

(2) 直流电源　一般为硅整流或可控硅直流电源。其电压为 3~20V 且可调，电流和功率能满足 $30A/dm^2$ 即可。

(3) 搅拌和循环过滤系统　其作用是降低极化浓度，加大电流密度，提高电铸质量。一般用桨叶搅拌或者用泵、过滤器进行循环搅拌。过滤器选用玻璃棉、丙纶丝、泡沫塑料、滤纸作为过滤材料，除去溶液中的固体杂质和微粒。

(4) 加热和冷却装置　因电铸时间较长，为了保证电铸液的温度保持不变，需设置加热、冷却及温控装置，常用蒸汽或电加热，用风冷或自来水冷却。

3. 电铸加工的工艺过程

电铸加工型腔的工艺过程一般为：型芯设计与制造→型芯预处理→电铸→清洗→脱模→机械加工→镶入模套。

(1) 型芯设计与制造　型芯尺寸、形状应与型腔完全一致。在沿型腔深度方向尺寸要比型腔大 8~10mm，以备电铸后切去交接面上的粗糙部分。为了便于脱模，型芯的电铸表面应有不小于 15°的脱模斜度，并要求抛光至 $Ra=0.16\sim0.08\mu m$。此外，还应考虑电铸时的挂装位置。型芯的材料可以是金属材料，也可以是非金属材料。金属型芯材料有钢、铝合金、低熔点合金等。非金属型芯材料有石膏、木材、塑料等。

(2) 型芯预处理　型芯预处理在电铸中十分重要。型芯的材料不同，其预处理方法也不同。金属型芯预处理的目的是进一步降低型芯表面粗糙度，便于脱模及除去油渍，使电铸表面保持洁净。一般预处理过程为：抛光→去油→镀铬→去油→装挂具→电铸。

对非金属材料制造的型芯，要做表面导电化处理，常用处理方法有：

1) 以极细石墨粉、铜粉或银粉调合少量胶黏剂做成导电漆，均匀涂于型芯电铸表面。

2）用真空镀膜或阴极溅射的方法使型芯表面覆盖一层金属膜。

3）用化学镀的方法在型芯表面上镀一层银、铜或镍的薄层。

（3）电铸工艺过程及控制要点　电铸的生产率低、时间长。电流密度大会造成沉积金属的粗糙结晶，使强度降低。一般每小时电铸金属层厚度为 0.02～0.5mm。电铸常用的金属有铜、镍和铁三种，相应的电铸液为含有电铸金属离子的硫酸盐、氨基磺酸盐和氯化物等的水溶液。

1）铜电铸液的配方及操作要点。铜电铸液的配方为硫酸铜（工业用）250～270g/L，硫酸（工业用）60～75g/L，酚磺酸（工业用）8g/L，电铸液使用温度为 25～50℃，电流密度 1～10A/dm^2。电铸层厚度达 3～5mm 时需七天左右时间。

阳极用电解铜制造，其面积与型芯面积相当，每两天清洗一次。如果电解铜因损耗而变小，要及时更换。电铸液消耗后要及时补充蒸馏水，以免浓度变化过大。如果采用高温、大电流加快速度时，必须对电铸液进行不断搅拌。

2）镍电铸液配方及操作要点。镍电铸液的配方为硫酸镍（化学纯）180g/L，硼酸（化学纯）30g/L，氯化铵（化学纯）20～25g/L，萘二磺酸钠盐（溶解过滤）1L，十二烷基硫酸钠（化学纯）0.5g/L。电铸镍的温度：金属型芯为 75～80℃，非金属型芯为 45～55℃，必须有加热和冷却装置，电铸液的 pH 值为 5～5.6。

3）阳极采用电解镍，用脱脂纱布包好，每天清洗一次。阳极表面应大于阴极（型芯）表面。型芯下槽前应预热 1～2min，开始时采用较低的电流密度（0.5～1A/dm^2），两天后升至 5A/dm^2。一周后电铸层厚度可达 5～6mm。在开始的 72h 内，不允许断电，应配有蓄电池，断电后应及时自动接通电源。

4）衬背和脱模。电铸型腔成形后，因其强度差，需用其他材料进行加固，以防止变形。加固的方法一般是采用模套进行衬背。衬背后再将型芯与电铸型腔分开，并对型腔外形进行机械加工。衬背的模套可以是金属材料或浇注铝及低熔点合金。用金属模套衬背时，一般在模套内腔和电铸型腔外表面涂一层无机黏结剂后再进行压合，以增加结合强度。

电铸型腔和型芯的脱开，可采用轻轻敲击或加热与冷却及专用工具等方法进行脱开。图 8-6 所示为利用型芯螺孔、卸模架和螺栓将型芯拉出分离的专用工具。

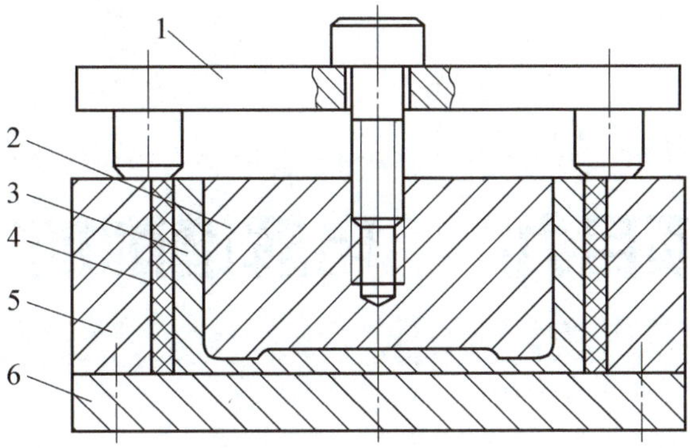

图 8-6　电铸型腔与模套的组合及脱模

1—卸模架　2—型芯　3—电铸型腔
4—黏结剂　5—模套　6—垫板

【技能训练】

说明电化学加工的分类及应用。

项目九 电解磨削加工

知识目标	1. 了解电解磨削加工的基本原理及特点。 2. 了解电解磨削加工的工艺及参数。
技能目标	1. 学会电解磨削加工设备的基本操作方法。 2. 能选用合适的磨轮进行加工并对磨损的磨轮进行简单修正。
素养目标	1. 具有责任意识和精益求精的工作精神。 2. 具有信息交流、团队协作、规范操作设备的能力。

电解磨削加工是利用电解液对被加工金属的电化学作用（电解作用）和导电砂轮对加工表面的机械磨削作用，达到去除金属表面层的一种加工方法。电解磨削加工是一种生产率高、加工质量好以及经济性好的加工方法，是加工热喷涂材料层的有发展前途的新加工方法。

任务 认识电解磨削加工

【任务引入】

认识电解磨削加工与普通砂轮磨削加工的区别。

【任务内容】

电解磨削加工（Electrochemical Grinding，ECG）是电解作用与机械磨削作用相结合的一种特种加工，又称电化学磨削。电解磨削加工是 20 世纪 50 年代初美国人研究发明的。电解磨削加工时，工件作为阳极与直流电源的正极相连；导电磨轮作为阴极与直流电源的负极相连。磨削时，两者之间保持一定的磨削压力，凸出于磨轮表面的非导电性磨料使工件表面与磨轮导电基体之间形成一定的电解间隙（0.02~0.05mm），同时向间隙中供给电解液。在直流电的作用下，工件表面金属由于电解作用生成离子化合物和阳极膜，这些电解产物不断地被旋转的磨轮所刮除，使新的金属表面露出，继续产生电解作用，工件材料遂不断地被去除，从而达到磨削的目的。电解液一般采用硝酸钠、亚硝酸钠和硝酸钾等成分混合的水溶液，不同的工件材料所用电解液的成分也不同。导电磨轮由导电性基体（结合剂）与磨料结合而成，主要为金属结合剂金刚石磨轮、电镀金刚石磨轮、铜基树脂结合剂磨轮、陶瓷渗银磨轮和碳素结合剂磨轮等，可按不同用途选用。

采用适应控制技术，可进一步提高电解磨削加工的稳定性和自动化程度。同时，为了提高加工精度，采用兼有纯机械磨削能力的导电磨轮，粗加工时靠电解磨削加工的高效率完成大部分加工量，然后切断电解电源，靠纯机械磨削磨掉精加工余量，这样能显著提高加工精度。电解磨削方式已从平面磨削扩大到内圆磨削、外圆磨削和成形磨削。电解加工的原理也可与珩磨和超精加工结合起来，成为电解磨削和电解超精加工。

一、电解磨削加工的基本原理与特点

1. 电解磨削加工的基本原理

电解磨削加工是将金属的电化学阳极溶解作用和机械磨削作用相结合的一种磨削工艺。电解磨削加工原理如图 9-1 所示，磨削时工件 5 接直流电源的正极，电解磨轮 3 接直流电源的负极。电解磨轮与工件表面间保持一定的电解间间隙，并在电解间隙中注入足量的电解液。接通直流电源后，工件（阳极）的金属表面发生电化学溶解，表面的金属原子失去电子而变成离子溶解于电解液中；同时电解液中的氧与金属离子化合而在工件表面生成一层极薄的氧化膜。这层氧化膜具有较高的电阻，使阳极溶解过程减慢，这时通过高速旋转的磨轮将这层氧化膜不断刮除，并被电解液带走。由于阳极溶解和机械磨削共同交替作用的结果，使工件表面不断被蚀除并形成光滑的表面和达到一定的尺寸精度。

电解磨削加工过程中，金属主要是靠电化学阳极溶解作用腐蚀去除的，电解磨轮只起磨去钝化膜和平整工件表面的作用。

2. 电解磨削加工的特点

1）加工效率高。电解磨削加工主要是电解作用，与工件材料的力学性能关系不大，只需选择合适的电解液，就可以加工任何高硬度与高韧性的金属材料。电解磨削硬质合金与用普通金刚石砂轮磨削相比，其加工效率高出 3~5 倍。

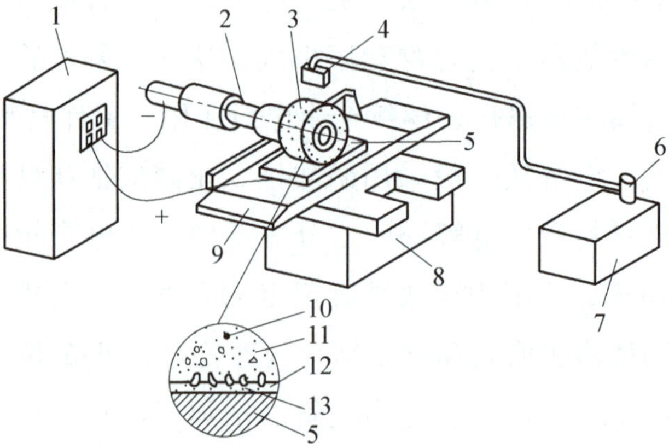

图 9-1 电解磨削加工原理

1—直流电源 2—机床的绝缘主轴 3—电解磨轮 4—电解液喷嘴 5—工件 6—电解液泵 7—电解液箱 8—机床本体 9—工作台 10—磨料 11—结合剂 12—电解间隙 13—电解液

2）表面质量好。由于磨料只起刮除氧化膜的作用，而不直接切除金属，所以磨削力和磨削热很小，不会产生磨削裂纹、烧伤、变形等弊病，因此加工精度和表面质量均可以提高。表面粗糙度 *Ra* 值可达 0.1~0.2μm 或更小，磨削硬质合金最高可达 *Ra*≤0.012μm 并呈现镜面。

3）磨轮损耗小。电解磨削加工用的金刚石导电磨轮的损耗仅为单纯机械磨削时金刚石磨轮损耗的 1/10~1/5。

4）电解磨削加工的辅助设备较多，设备的投资费用较高，且在加工过程中有刺激性气体和电解液雾沫产生，需要防护、抽风吸雾等装置。

二、电解磨削加工工艺

1. 电解液的选择

电解液是产生电化学反应并使金属去除的重要条件，对加工精度、表面粗糙度、磨削效率都有很大影响，生产中应根据不同的工件材料选用不同的电解液。

磨削硬质合金电解液的配方为：$NaNO_2$（9.6%），$NaNO_3$（0.3%），Na_2HPO_4（0.3%），$K_2Cr_2O_7$（0.1%），$C_3H_5(OH)_3$（0.05%），其余为 H_2O 。

硬质合金与钢件相拼在一起磨削的电解液配方为：$NaNO_2$（5%），Na_2HPO_4（1.5%），KNO_3（0.3%），$Na_2B_4O_7$（0.3%），其余为 H_2O。

磨削碳钢、合金钢、高速钢的电解液配方为：$NaNO_3$（3%），$NaNO_2$（15%），

NaCl（1%），其余为 H_2O。

2. 电解磨轮的选用

电解磨轮在电解磨削加工中作为阴极并起着刮除阳极氧化膜的作用。常用的电解磨轮有金属结合剂人造金刚石电解磨轮、氧化铝导电磨轮和石墨电解磨轮等。

（1）金属结合剂人造金刚石电解磨轮　金属结合剂人造金刚石电解磨轮一般用铜合金粉、银粉等和金刚石磨料混合加压成形，并经烧结而成。其磨料的粒度为 F60～F100。它主要应用于模具平面及内、外成形表面的磨削，适合磨削硬质合金材料。

金属结合剂人造金刚石电解磨轮的主要特点是：

1）磨料形状规则、硬度高、寿命长、生产率比较高。

2）采用电加工成形，可修整成所需形状。电解磨削加工后还可以作纯机械磨削加工以进一步提高加工精度，但是磨轮成本比较高。

（2）氧化铝导电磨轮　将普通机械磨削加工用的氧化铝砂轮，经导电处理（如化学镀银或将铜粉、银粉混合于液体树脂中，然后加压或抽真空，使液体树脂渗透在砂轮内的气孔中，并经干燥处理）后即可制成。磨料粒度为 F120～F180，砂轮的气孔率为 50%左右，可进行模具零件平面磨削及内、外成形表面磨削，适用于钢件的加工。

氧化铝导电磨轮的主要特点是：

1）有良好的抗电弧能力，不需要进行磨轮反极性处理。

2）成本低，可用修整一般砂轮的方法修整磨轮。

（3）石墨电解磨轮　石墨电解磨轮一般不含磨料，本身不具备机械磨削能力，因此需配备特殊的脉冲电源，由电火花放电去除氧化膜，适用于硬质合金或钢件的粗磨。

石墨电解磨轮的主要特点是：

1）本身的成形简单，可用成形车刀在低转速下修整成形，因此适合磨削各种复杂成形表面。

2）具有良好的抗电弧能力，工件不易烧伤。

3）电解间隙变化大，电解液很难实现均匀分布，一般只用于电解磨削的粗加工，生产率也较低。

此外，还有树脂结合剂电解磨轮、电镀金刚石电解磨轮等。

3. 电解磨削加工工艺参数选择

（1）电流密度　电流密度大小与电解磨削的生产率成正比例关系。但电流密度过大，水分解作用加剧，生产率反而会有所下降，有时还会产生火花放电，使表面粗糙度值增大。电解磨削的电流密度一般控制在 30～50A/cm²，较高时可达 100 A/cm²。

（2）加工电压　电压的变化主要影响电流的变化。升高电压，则电流密度增大，生产率提高；但电压过高会产生火花放电，烧伤工件表面，加工效率反而降低。电压的选择与磨轮种类、工件材质、加工方式有关。一般采用金属结合剂人造金刚石电解磨轮时电压为 8～10V，而采用氧化铝导电磨轮则电压为 18V。在磨削最后阶段，将电压降至 2V 左右进行短时间磨削，可获得与机械磨削加工相同的精度和表面粗糙度。

（3）磨削压力　磨削压力是磨削时工件与磨轮表面间的接触压力。磨削压力增大，磨轮刮除阳极氧化膜的能力增强，同时电解间隙减小，电流密度增大，因而生产率提高，表面粗糙度值变小。但磨削压力过高时，磨料磨损加剧，电解间隙过小，因而容易产生火花放电，烧伤工件和磨轮表面，加工表面的表面粗糙度值反而显著增大。一般磨削压力采用 0.2～0.5MPa 较好。

（4）磨轮线速度　提高磨轮线速度可使电解间隙中的电解液供应充分和交换迅速，并使电流增大，同时也提高了机械磨削作用并降低了磨轮损耗。但线速度过大，由于离心力增大，不能在磨轮表面上保持一定量的电解液，反而使电流减小，生产率降低。磨轮线速度可在 20～30m/s 范围内选取。

（5）工件的进给量　由于电解磨削加工的切深量一般大于机械磨削加工的切深量，所以工件或工作台的进给速度低于机械磨削加工。特别是电解磨削的切深量较大（为 0.1～10mm 或以上），因此工件的进给量最高在 0.8mm/每行程左右。

工件的进给量还与电流密度有关，电流密度高则进给量可以取较大值，反之取较小值。

（6）工件与磨轮的接触面积　工件和电解磨轮的接触面积越大，生产率就越高。电流密度恒定时，接触面积增大，直流电源能自动输入较大的电流而使生产率提高，并且工件的表面质量仍然良好，因此电解磨削时应采用减小进给量、增大接触面积的磨削方法。

（7）电解液的供应量　电解液的流量应保持充分而均匀地进入电解间隙中。在一定的加工条件下，电解间隙中电解液的需要量是一定的，过多地供给电解液对加工生产率没有影响，反而会使不需加工的表面产生电解溶解。电解液的供应量随加工方式确定，立式电解平面磨床电解液流量为 5～15L/min，内、外圆电解磨床电解液流量为 1～6L/min，电解成形磨削电解液流量为 1～5L/min。

【技能训练】

说明电解磨削加工的特点。

项目十　快速成型技术

知识目标	1. 掌握快速成型技术的特点及分类。 2. 了解快速成型技术的应用领域。
技能目标	1. 能操作普通台式 3D 打印机。 2. 能造型、设计并使用 3D 打印机制作简单工艺品。
素养目标	1. 具有精益求精、一丝不苟的工匠精神。 2. 具有读图能力、设计能力和规范使用设备的能力。

快速成型技术是 20 世纪 90 年代发展起来的一项先进制造技术，是集 CAD 技术、数控技术、激光技术和材料技术等的现代科技成果，其特点是可以不需要机加工设备或者模具即可快速制造形状极为复杂的工件，从而在小批量产品生产或新产品试制时节省时间和初始投资。

任务　认识快速成型技术

【任务引入】

建立图 10-1 所示的 3D 吉祥鹿模型，设置 3D 打印参数，打印 3D 吉祥鹿。

图 10-1　3D 吉祥鹿模型

【任务内容】

快速成型技术是为制造业企业新产品开发服务的一项关键共性技术，对促进企业产品创新、缩短新产品开发周期、提高产品竞争力有积极的推动作用。自该技术问世以来，已经在制造业中得到了广泛应用，并由此产生一个新兴的技术领域。

快速成型技术是在现代CAD/CAM技术、激光技术、计算机数控技术、精密伺服驱动技术以及新材料技术的基础上集成发展起来的。不同种类的快速成型系统因所用成型材料不同，成型原理和系统特点也各有不同。但是，其基本原理都是一样的，那就是“分层制造，逐层叠加”，类似于数学上的积分过程。形象地讲，快速成型系统就像是一台“立体打印机”，所以称之为3D打印很贴切。

一、快速成型技术的特点及分类

快速成型技术可以在无需准备任何模具、刀具和工装夹具的情况下，直接接收产品设计数据，快速制造出新产品的样件、模具或模型。因此，快速成型技术的推广应用可以大大缩短新产品开发周期，降低开发成本，提高开发质量。由传统的“去除法”到今天的“增长法”，由有模制造到无模制造，这就是快速成型技术对制造业产生的革命性意义。

1. 快速成型技术的特点

快速成型技术将一个实体的复杂的三维加工离散成一系列层片的加工，大大降低了加工难度，具有如下特点：

1）成型全过程的快速性，适合现代竞争激烈的产品市场。

2）可以制造任意复杂形状的三维实体。

3）用CAD模型直接驱动，实现设计与制造高度一体化，其直观性和易改性为产品的完美设计提供了优良的设计环境。

4）成型过程无需专用夹具、模具、刀具，既节省了费用，又缩短了制作周期。

5）技术的高度集成性，既是现代科学技术发展的必然产物，也是对它们的综合应用，带有鲜明的高新技术特征。

这些特点决定了快速成型技术主要适合于新产品开发，单件及小批量零件快速制造，复杂形状零件制造，模具与模型设计与制造，也适合于难加工材料的制造，外形设计检查，装配检验和快速反求工程等。快速成型系统相当于一台“立体打印机”，它可以在没有任何刀具、模具及工装夹具的情况下，快速直接地实现零件的单件生产，是一项快速直接地制造单件零件的技术。

2. 快速成型技术的分类

3D 打印技术是一系列快速成型技术的统称，其基本原理都是叠层制造，由快速原型机在 XY 平面内通过扫描形式形成工件的截面形状，而在 Z 坐标间断地做层面厚度的位移，最终形成三维制件。目前市场上的快速成型技术分为 3DP 技术、熔融沉积成型技术（FDM）、立体光固化成型技术（SLA）、激光选区烧结技术（SLS）、数字化光照加工技术（DLP）和紫外线成型技术等。

（1）3DP 技术　采用 3DP 技术的 3D 打印机使用标准喷墨打印技术，通过将液态连结体铺放在粉末薄层上，以打印横截面数据的方式逐层创建各部件，创建三维实体模型，采用这种技术打印成型的样品模型与实际产品具有同样的色彩，还可以将彩色分析结果直接描绘在模型上，模型样品所传递的信息较大。

（2）熔融沉积成型技术　熔融沉积成型技术是将丝状的热熔性材料加热熔化，同时三维喷头在计算机的控制下，根据截面轮廓信息，将材料选择性地涂敷在工作台上，快速冷却后形成一层截面。一层成型完成后，机器工作台下降一个高度（即分层厚度）再成型下一层，直至形成整个实体造型。其成型材料种类多，成型件强度高、精度较高，主要适用于成型小塑料件。

（3）立体光固化成型技术　立体光固化成型技术以光敏树脂为原料，通过计算机控制激光按零件的各分层截面信息在液态的光敏树脂表面进行逐点扫描，被扫描区域的树脂薄层产生光聚合反应而固化，形成零件的一个薄层。一层固化完成后，工作台下移一个层厚的距离，然后在原先固化好的树脂表面再敷上一层新的液态树脂，直至得到三维实体模型。该方法成型速度快，自动化程度高，可成型任意复杂形状，尺寸精度高，主要应用于复杂、高精度的精细工件快速成型。

（4）激光选区烧结技术　激光选区烧结技术是通过预先在工作台上铺一层粉末材料（金属粉末或非金属粉末），然后让激光在计算机控制下按照界面轮廓信息对实心部分粉末进行烧结，然后不断循环，层层堆积成型。该方法制造工艺简单，材料选择范围广，成本较低，成型速度快，主要应用于铸造业直接制作快速模具。

（5）数字化光照加工技术　数字化光照加工技术和立体光固化成型技术比较相似，不过它是使用高分辨率的数字光学处理器（DLP）投影仪来固化液态光聚合物，逐层进行光固化，由于每层固化时通过幻灯片似的片状固化，因此速度比同类型的立体光固化成型技术速度更快。该技术成型精度高，在材料属性、细节和表面粗糙度方面可匹敌注射成型的耐用塑料部件。

（6）紫外线成型技术　紫外线成型技术和立体光固化成型技术比较相似，不同的是它利用紫外线照射液态光敏树脂，一层一层地由下而上堆栈成型，成型的过程中没有噪声产生，在同类技术中成型的精度最高，通常应用于精度要求高的珠宝和手机外壳等行业。

二、快速成型技术的工作原理

1）快速成型技术是将计算机辅助设计（CAD）、计算机辅助制造（CAM）、计算机数字控制（CNC）、精密伺服驱动、激光和材料科学等先进技术集于一体的新技术。其基本构思是：任何三维零件都可以看作是许多等厚度的二维平面轮廓沿某一坐标方向叠加而成的。因此，依据计算机上构成的产品三维设计模型，可先将 CAD 系统内的三维模型切分成一系列平面几何信息，即对其进行分层切片，得到各层截面的轮廓，按照这些轮廓，激光束选择性地切割一层层的纸（或固化一层层的液态树脂，烧结一层层的粉末材料），或喷射源选择性地喷射一层层的粘接剂或热熔材料等，形成各截面轮廓并逐步叠加成三维产品。

2）快速成型技术彻底摆脱了传统的“去除”加工法（即部分去除大于工件的毛坯上的材料而得到工件的方法），采用全新的“增长”加工法（即用一层层的小毛坯逐步叠加成大工件的方法），将复杂的三维加工分解成简单二维加工的组合，因此，它不必采用传统的加工机床和工模具，只需传统加工方法 30%～50%的工时和 20%～35%的成本，就能直接制造产品样品或模具。通过快速成型技术，可以自动、直接、快速、精确地将设计思想转变为具有一定功能的模型或直接制造产品，从而可以对产品设计进行快速评估、修改及功能试验，大大缩短了产品的研制周期。将快速成型技术用于企业的新产品研发过程，可以大大缩短新产品的研制周期，确保新产品的上市时间，提高企业对市场的快速反应能力；同时也可以降低开模风险和新产品研发成本；及时发现产品设计的错误，做到早找错、早更改，避免更改后续工序所造成的大量损失，提高新产品投产的一次成功率。因此，快速成型技术的应用已成为制造业新产品开发的一项重要策略。

3）快速成型系统可以根据零件的形状，每次制作一个具有一定微小厚度和特定形状的截面，然后把它们逐层粘结起来，就得到了所需制造的立体的零件。当然，整个过程是在计算机的控制下由快速成型系统自动完成的。不同公司制造的快速成型系统所用的成型材料不同，系统的工作原理也有所不同，但其基本原理都是一样的，那就是“分层制造、逐层叠加”。这种工艺可以形象地称为“增长法”或“加法”。

每个截面数据相当于医学上的一张 CT 相片，整个制造过程可以比喻为一个“积分”的过程。

4）快速成型技术的基本原理是：将计算机内的三维数据模型进行分层切片得到各层截面的轮廓数据，计算机据此信息控制激光器（或喷嘴）有选择性地烧结一层接一层的粉末材料（或固化一层又一层的液态光敏树脂，或切割一层又一层的片状材料，或喷射一层又一层的热熔材料或黏合剂）形成一系列具有一个微小厚度的片状实体，再采用熔结、聚合、黏结等手段使其逐层堆积成一体，便可以制造出所设计的新产品样件、模型或模具。自美国 3D 公司 1988 年推出第一台商用 SLA 快速成型机以来，已经有十几种不同的成型系统，其中比较成熟的有紫外线、SLA、SLS、LOM 和 FDM 等方法。

【技能训练】

1. 设计喜欢的 3D 模型，设置打印参数，打印产品。

2. 建立、获取图 10-2 所示的八爪鱼模型，设置打印参数，打印不同大小的八爪鱼。

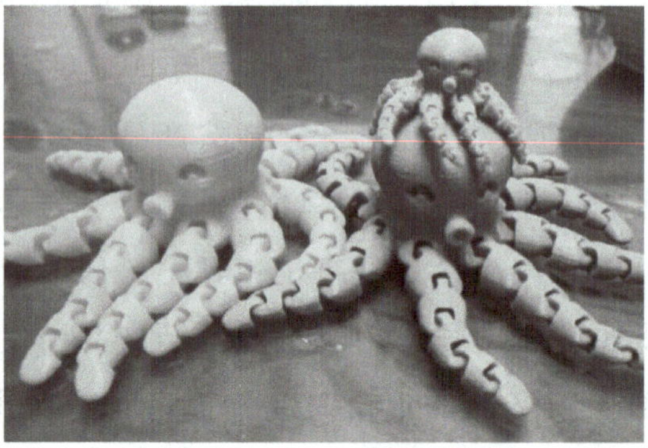

图 10-2　八爪鱼模型

参 考 文 献

[1] 赵孟栋. 冷冲模设计 [M]. 3版. 北京: 机械工业出版社, 2012.

[2] 卜建新. 塑料模具设计 [M]. 2版. 北京: 中国轻工业出版社, 2009.

[3] 邵守立. 模具制造技术 [M]. 北京: 高等教育出版社, 2008.

[4] 丘立庆, 梁庆, 邓敏和, 等. 模具数控电火花线切割工艺分析与操作案例 [M]. 北京: 化学工业出版社, 2008.

[5] 赵燕, 刘光烨. 线切割一次成形凹凸模及间隙计算 [J]. 锻压技术, 2007, 32 (1): 67-69.

[6] 成百辆. 冲压工艺与模具结构 [M]. 2版. 北京: 电子工业出版社, 2010.

[7] 乔慧. 模具制造工 [M]. 北京: 机械工业出版社, 2013.

[8] 李玉青. 特种加工技术 [M]. 2版. 北京: 机械工业出版社, 2021.

[9] 袁根福, 祝锡晶. 精密与特种加工技术 [M]. 北京: 北京大学出版社, 2007.